526
P44n

129239

DATE DUE			

Arno Peters

DIE NEUE KARTOGRAPHIE

Universitätsverlag Carinthia, Klagenfurt

Arno Peters

THE NEW CARTOGRAPHY

ƒ
Friendship Press New York

Diese Arbeit entstand
im Auftrag der Universität
der Vereinten Nationen

This work was commissioned
and sponsored by
The United Nations University

English version by Ward Kaiser, D. G. Smith, Prof. Heinz Wohlers

ISBN 0-377-00147-3

Friendship Press, Inc.
Editorial office: 475 Riverside Drive, New York, NY 10115
Distribution office: P. O. Box 37844, Cincinnati, OH 45237

ISBN 3-85378-202-7

INHALT

CONTENTS

VORWORT

Fünftausend Jahre Menschheitsgeschichte haben uns in den Vorhof einer neuen Epoche geführt: Das Zeitalter der Wissenschaft ist angebrochen. Die von ihr hervorgebrachten neuen Techniken verbreiten sich schnell über die Erde: die einzelnen Volkswirtschaften wachsen zu einer Weltwirtschaft zusammen; neue Kommunikationsmittel machen den Menschen zum Augenzeugen aller wichtigen Vorgänge auf der ganzen Erde; die Überheblichkeit einzelner Rassen und Klassen weicht dem Bewußtsein der Gleichheit aller Völker und Menschen. In diesem Augenblick gilt es, das eigene Weltbild kritisch zu überprüfen. Unser Kartenbild der Erde und des eigenen Landes ist prägende Grundlage unseres geographischen Weltbildes. Aber unser Kartenbild ist noch von den Kartographen einer Epoche europäischer Vorherrschaft und weltweiter Ausbeutung geformt. Diese alte Kartographie müssen wir mit dem Anbruch unserer Epoche der Gleichrangigkeit aller Völker und Rassen hinter uns lassen. Die Neue Kartographie, allein der wissenschaftlichen Objektivität verpflichtet, muß den Durchbruch jenes neuen solidarischen Menschheitsbewußtseins begleiten und befördern, das aus dieser Objektivität notwendig folgt und das auf allen Ebenen neue Maßstäbe setzt. Das Revolutionäre dieser neuen Kartographie liegt in ihrer neuen Konzeption.

Mit ihrem großen Sprung nach vorn fügt sie sich der allgemeinen Entwicklung ein, die durch technische Revolution, Weltrevolution und das Ende der europäischen Weltherrschaft geprägt ist.

Wegen ihrer konstituierenden Bedeutung für das ganze Weltbild des Menschen kommt der Karten-Konzeption besondere Bedeutung zu. Deshalb ist sie von allgemeinem Interesse. Leider steht ihrem allgemeinen Verständnis noch immer die Fachsprache der Kartographen entgegen. Die Mathematik ist für die Kartographie der ‚unverletzliche Schutzpanzer gegen jegliche Popularisierung' (Passarge).[1] Alles ist noch darauf gerichtet, die Konzeption der Karte wie ihre Ausführung und ihren Inhalt dem Kartographen zu überlassen und seine Arbeitsergebnisse dankbar hinzunehmen. Eine solche Denk- und Verfahrensweise kann aber im Hinblick auf das zunehmende Bedürfnis nach allseitiger Transparenz nicht länger hingenommen werden. Die das geographische Weltbild prägende kartographische Konzeption ist viel zu wichtig, als daß wir sie den Kartographen allein überlassen könnten. So ist es ein Merkmal der neuen Kartographie, daß sie die Grundlagen ihrer Konzeption und damit des von ihr geschaffenen neuen geographischen Weltbildes gemeinverständlich darlegt.

FOREWORD

Five thousand years of human history have brought us to the threshold of a new age — the Age of Science has begun.

The new techniques of this age are spreading rapidly over the whole world; individual national economies are developing into a global system; new methods of communication allow people to be eye-witnesses of important events all over the world. The arrogance of individual nations and classes is giving way to a realization of the equality of all peoples.

It is appropriate at this time to examine our own global concept critically. This is based directly upon our global maps and the maps of our own country but these are still rooted in the work of cartographers of a bygone age — the age of European world domination and exploitation. These concepts must be discarded in this era of the realization of the basic equality of all the nations on earth.

The new cartography, based on and dedicated to objectivity alone, must promote and accompany this breakthrough into the new age of human solidarity. New scales must be applied in many fields. The revolutionary ingredient of this new cartography lies in its conception, based on the learning of the current technological revolution, the world revolution and the end of the era of colonial exploitation. With a great leap forward it takes its place in the forefront of the general development.

Due to its general significance for humanity's global concept, this cartographical concept is extremely important.

The intricacies of the cartographical vocabulary hinder considerably the popular understanding of this change. Mathematics is for the cartographer "the essential armour against any popularization" (Passarge).[1] Everything is designed to force one to leave the conception, drawing and contents of a map in the hands of a cartographer and thankfully to accept the results of his work.

In view of the ever-increasing demand for transparency this outmoded concept and production process can no longer be accepted. The cartographical concept, which so heavily influences the geographic global concept, is far too important to be left in the hands of cartographers alone. It is thus a hallmark of the new cartography that the principles of its conception, and thus those of the new global concept which it creates, can readily be understood by all.

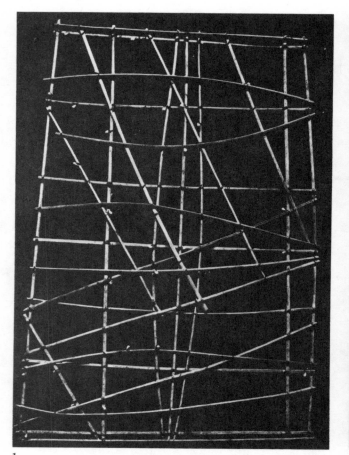

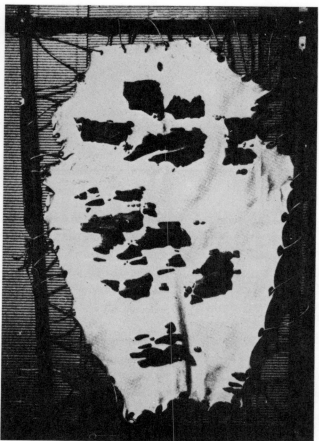

1

2

3

Die Urform der Karte ist vermutlich älter als die Schrift. Bis in unsere Epoche hinein fertigen sich schriftlose Völker einfache Orientierungshilfen aus den ihnen zugänglichen Rohstoffen: Aus Rippen, Blättern und Fäden der Kokospalme auf den Marshallinseln (Karte 1), aus gespannter und gegerbter Walroßhaut auf Grönland (Karte 2), aus Holzbrettern auf anderen von Eskimos bewohnten Inseln (Karte 3).

The basic form of the map is presumably older than the art of writing. Up to our own time peoples who had no writing have used, for guidance assistance, materials they could find: ribs, leaves and fibres of coconut trees on the Marshall Islands (Map 1); stretched and tanned walrus skin in Greenland (Map 2); wooden planks on the more southerly islands of the Inuit (Eskimos) (Map 3).

ENTSTEHUNG UND ENTWICKLUNG DER KARTOGRAPHIE

THE EMERGENCE AND DEVELOPMENT OF CARTOGRAPHY

Dem Naturmenschen ist ein ebenso ausgeprägter Ortssinn zu eigen, wie wir ihn bei verschiedenen Tierarten bewundern. Er beobachtet genau die ihn umgebende Natur und prägt sich seine Wege ein. Doch in dem Maße, wie der Naturmensch seinen Gesichtskreis erweitert, weicht er von seinen festen, die Orientierung sichernden Hauptwegen ab. Nun sucht er sich durch Hilfsmittel zurechtzufinden. Er kennzeichnet die neuen Wege, um sie sich durch Zusammenschau mit den vertrauten Wegen einzuprägen. Hier kann ihm die Aufzeichnung der Wege helfen.

Humans possess a sense of direction as highly developed as those we admire in various animal species. They carefully observe their natural environment and build their communication network upon it. As people widen their horizons, however, they begin to deviate from these well known paths, and orientation becomes difficult. They seek ways and means of helping themselves by marking and naming the new paths. By viewing them in relation to well known objects, they seek to make them part of this familiar pattern. Making a drawing or plan of these new paths is one way of achieving this.

DIE ANFÄNGE

THE BEGINNINGS

Die Benutzung von Karten bei außereuropäischen Völkern und bei schriftlosen Naturvölkern deutet darauf hin, daß der Mensch Landkarten hatte, bevor er sich eine Schrift schuf. Die Indianer hatten bei der Ankunft der Europäer eine hochentwickelte Kartographie. Als sich Cortez beim Aztekenkönig Montezuma nach guten Häfen erkundigte, erhielt er eine auf Tuch gemalte Karte der ganzen Küste Mittelamerikas. Auch auf gegerbte Häute, Papyrus, Holz, Knochen oder Baumrinde wurden Karten gemalt oder eingeritzt. Die Eskimos haben in Grönland Reliefkarten mit Schraffierungen angefertigt, lange bevor die europäischen Kartenmacher sich dieser Technik zuwandten. Und die Bewohner der Marshallinseln (Mikronesien) stellen seit altersher Seekarten aus den Blättern und Rippen von Kokospalmen her; die Inseln des Archipels werden dabei durch Muscheln bezeichnet, die mit Kokosfasern befestigt sind. Felszeichnungen und Höhlenzeichnungen der Frühgeschichte enthalten neben Tierbildern bereits rätsel-

The use of maps by non-European peoples and by illiterate natives indicates that people had developed a crude cartography before they invented the written word.

The American Indians had developed their cartography to a high degree prior to the arrival of the Europeans. When Cortez enquired after good anchorages from the Aztec king Montezuma he was given a map of the entire central American coastline painted on cloth. Maps were also painted or scratched onto leather, papyrus, wood, bones or bark. The technique of showing the relief of the terrain by use of shadings on a map was well known to the Greenland Eskimos long before European map makers discovered its use.

The inhabitants of the Marshall Islands (Micronesia) traditionally made maps of coconut palm leaves with the islands being marked by shells secured with coconut fibres.

Primeval rock and cave paintings included not only pictures of animals but also mysterious lines which

hafte Linien, die von Fachkundigen als Orientierungshilfen gedeutet werden, also wahrscheinlich bereits frühe Formen von Landkarten sind. Und der experts regard as aids to orientation – in other words they were probably primitive maps. The discoverer of the Schaffhausen caves established that the network

Karte 4: Diese kartographische Darstellung des nördlichen Mesopotamien ist gut 5000 Jahre alt. Sie ist in ein Tonplättchen eingeritzt, das unweit von Nuzi bei Bagdad (Irak) gefunden wurde.

Map 4: This cartographic representation of Northern Mesopotamia is well over 5,000 years old. It is scratched into a small clay plate which was found not far from Nuzi near Baghdad (Iraq).

Entdecker der Höhlen von Schaffhausen führte den Nachweis, daß ein dort aufgefundenes Netzwerk von Linien mit der heutigen Topographie der Gegend weitgehend übereinstimmt.

Aber bei diesen ethnologischen Parallelen und bei den Deutungen jahrtausendealter Überlieferungen handelt es sich um Hypothesen. Sicheres Zeugnis von Landkarten besitzen wir nur aus historischer Zeit.

Beginnen wir die Menschheitsgeschichte mit dem Aufkommen schriftlicher Überlieferung, dann ist die Kartographie so alt wie die überlieferte Geschichte

of lines found therein corresponded largely with the present day topography of the surrounding area.

All these ethnological parallels and the indications of the evidence handed down over thousands of years however are all hypotheses. Firm evidence of the existence of maps is only to be found within the chronological limits of recorded history.

If we regard the beginning of human history as being the point from which written records have been discovered, then cartography is as old as history itself, that is, five thousand years. Excavations in the

Karte 5: Diese kartographische Darstellung von sieben Städten Nordägyptens entstand vor 4800 Jahren in der Epoche der Reichseinigung Ägyptens durch König Skorpion.

Map 5: This cartographic representation of seven cities in Northern Egypt was made 4,800 years ago during the unification of Egypt by King Scorpio.

Karte 6: Dieses zehn Zentimeter große Tonplättchen ist die älteste erhaltene Weltkarte. Sie entstand vor gut 2500 Jahren in Babylon, dem heutigen Irak. Der innere Kreis stellt die Erde dar, umgeben vom Meer, das in den himmlischen Ozean übergeht; der Sternenhimmel vollendet dieses frühe geographische Weltbild.

Map 6: This small clay plate, ten centimeters high, is the oldest global map which has been preserved. It was made 2,500 years ago in Babylon (today Iraq). The inner circle represents the earth, surrounded by the sea which merges into the celestial ocean; the starry sky completes this early geographical picture of the world.

selbst, also fünftausend Jahre. Aus dieser frühen Zeit fand sich bei Ausgrabungen in der Umgebung von Harran (200 Kilometer nördlich von Bagdad) eine Tonplatte mit einer Landkarte des nördlichen Mesopotamien. Sie stellt das Gebiet zwischen Urartu und Akkad dar, die Flußtäler zwischen dem Zagros-Gebirge und dem Libanon, also den Norden des heutigen Irak. Etwa um die gleiche Zeit entstand in Nordafrika eine kartographische Darstellung der sieben Städte Unterägyptens, die durch König Skorpion im 30. Jahrhundert vor der Zeitwende geeint worden waren. So dürfen wir davon ausgehen, daß die ersten zusammenhängenden Karten größerer Gebiete etwa 5000 Jahre alt sind.

Mit der Entwicklung von Astronomie und Mathematik verfeinerte sich auch die Kartographie, und sie erreichte vor 3500 Jahren bereits eine hohe Vollkommenheit, wie wir durch eine ägyptische Papyruskarte von den nubischen Goldminenfeldern wissen. Mit der Verbesserung der Schiffahrt, der Technik und des Verkehrswesens erweiterte sich der Horizont des Menschen, und er griff immer kühner über das eigene angestammte Gebiet hinaus. Die Ägypter dieser Epoche unternahmen außer den üblichen Handelsexpeditionen schon geographische Forschungsreisen, deren Ergebnisse kartographisch festgehalten wurden.

ERSTE ERDKARTEN

Aber es dauerte noch ein ganzes Jahrtausend, ehe die ersten Weltkarten gezeichnet werden konnten, und damit das sich entwickelnde Weltbild seinen geographischen Ausdruck fand. Dieser ersten großen Wende der Kartographie, der Hinwendung zum Bilde der ganzen bekannten Erde, ging ein tiefgreifender Wandel des menschlichen Bewußtseins voraus: Das metaphysische Weltbild der ersten Jahrtausende der Menschengeschichte wurde durch ein auf Wahrnehmung und Erfahrung gegründetes Weltbild ersetzt. In Kleinasien, von wo dieser auf die griechischen Naturphilosophen um Thales zurückgehende Durchbruch des neuen Weltbildes ausging, machte man sich auch Gedanken über die Teilung der Welt in Himmel und Erde. Der Thales-Schüler Anaximander stellte die astronomische Kenntnis seiner Epoche in einer Himmelskugel dar, die geographische in einer Weltkarte. Diese erste, in Milet (Kleinasien) entwor-

area of Harran (200 kilometers north of Baghdad) revealed a clay tablet bearing a map of northern Mesopotamia. The area covered by the map included the cities of Urarta and Akkad and the river valleys between the Zagros mountains and the Lebanon — roughly the area occupied by the present day state of Iraq.

At about the same time a map was made in North Africa of the seven cities of Lower Egypt which were united by King Scorpio in the 30th century B.C. We may thus assume that the first coherent maps of extensive areas are about 5,000 years old.

Cartography was refined with the development of astronomy and mathematics and it reached a high degree of perfection 3,500 years ago as we know from an Egyptian papyrus map of the Nubian gold fields of that era.

People's horizons were further extended by improvements in ship building and other forms of communication; they became bolder in their investigation of areas outside their own homelands. The Egyptians of this period conducted voyages of exploration in addition to the usual trading expeditions and their results are cartographically recorded.

THE FIRST GLOBAL MAPS

A thousand years were to pass, however, before the first map of the world — and thus the first geographical expression of people's impression of the world in which they lived — was to be drawn. This first great cartographical turning point — the portrayal of the entire known world — was preceded by a fundamental change in human consciousness.

The metaphysical image of the world of the early millenia of human history was replaced by an image based on realization and experience. Asia Minor was the scene of this great event and the change was brought about by the Greek philosophers led by Thales. These men began to consider the nature of the division of the world into heaven and earth. Anaximander — one of Thales' disciples — represented the astronomical knowledge of his age in the form of a celestial sphere and its geographical knowledge in the shape of a global map.

EUROPA

Eridanos

Zinn-Inseln

Ister

Palus
Maotis

Pyrenä

Thracia

Pontus Euxinus

Caucasus

Mare Caspium

Säulen des Herakles

Armenia

Indus

Lydia

Indians

Syria

Tigris

LIBYA

ASIA

ARABIA

Euphrates

Srw. Arab.

Nilus

Karte 7: Ebenfalls vor etwa 2500 Jahren zeichnete der griechische Philosoph Hekataios eine kreisrunde Weltkarte mit
seiner Heimatstadt Milet (Kleinasien) im Mittelpunkt. Doch
ist uns seine, von ihm in Kupfer geritzte Karte nur durch
spätere Nachbildungen (wie diese Rekonstruktion) bekannt.

Map 7: Also some 2,500 years ago the Greek philosopher
Hekataios drew a circular global map with his birthplace
Miletus (Asia Minor) at its centre. But his map, scratched by
him on a copper plate, is known to us only through later
copies (like this reconstruction).

fene Erdkarte war, wie die etwa gleichzeitig im benachbarten Babylon entstandene und uns erhaltene Weltkarte, kreisrund. Ihr Schöpfer, der Philosoph Anaximander, hatte auch die Fragen der Entstehung des Weltalls, der Erde und ihrer Bewohner wissenschaftlich zu beantworten gesucht. Dabei hatte er bereits die Entstehung aller Lebewesen aus dem Meere und die Entwicklung des Menschen aus anderen Tierarten erkannt. Die runde Form der ersten Weltkarten ergab sich aus der natürlichen Anschauung der Erde, die dem Menschen vor 2500 Jahren nur zu einem kleinen Teile bekannt war. Ausgehend vom eigenen Wohnort, hatte man nach allen Seiten hin so viel von der Erde erforscht, wie man mit den damaligen Verkehrsmitteln erreichen konnte. Und da man meist irgendwo an ein Meer stieß, dessen Ende nicht absehbar war, schien den Menschen dieser Epoche die Erde eine runde Scheibe zu sein, die ringsherum von Meer umgeben ist.

Kreisrund war auch die Erdkarte des Historikers Hekataios, der von seinem Lehrer Anaximander in Milet (Kleinasien) die Kunst der Erdkarten-Herstellung erlernt hatte. Er vervollkommnete das Kartenbild der Erde durch Einfügung von Hilfslinien, die eine Orientierung nach Himmelsrichtungen ermöglichten, indem sie die Stellung der Orte zueinander zeigten.

Ein anderer Schüler des Anaximander, der von der Insel Samos (Kleinasien) stammende Philosoph Pythagoras, hatte den Gedanken, die Erde müßte eine Kugel sein. Aber seine Begründung dieser kühnen Annahme war wenig überzeugend: Weil das Streben nach Harmonie sich auch in der Welt ausdrückt und die Kugel die harmonischste Form sei, war für ihn die Kugelgestalt der Erde gesicherte Erkenntnis. Zu sehr war das griechische Denken aber inzwischen auf Wahrnehmung und Erfahrung gerichtet, als daß die neue Theorie des Pythagoras sich hätte durchsetzen können. Und so blieb es noch einige Jahrhunderte bei der Vorstellung von der Erde als einer flachen Scheibe. Der Historiker Herodot, der auch eine Erdkarte zeichnete, verharrte in diesem Weltbilde und alle Denker nach ihm bis zur Zeit des Aristoteles. Aber nachdem Plato und Aristoteles dem Gedanken an die Kugelgestalt der Erde wieder Raum gegeben hatten, kam die zweite große Wende im Weltbilde des Menschen zum Durchbruch.

This first global map was made in Miletus in Asia Minor and was – like that drawn at about the same time in neighbouring Babylon and still extant today – circular.

Anaximander the philosopher attempted in it to answer the riddle of the origin of the universe, the world and its inhabitants in a scientific manner and had already recognized the facts that all forms of life originated in the sea and that man had developed from other animal species. The circular shape of the map was a natural conclusion drawn by people at that stage of history (2,500 years ago) when they knew of the existence of only a fraction of the whole.

Centred on their own homes, people had explored the world in all directions as far as contemporary communications would permit. As these explorations mostly ended on the shores of a sea, the extent of which could not be estimated, it was natural to assume that the world was a round disc surrounded by the sea on all sides.

The historian Hekataios was a student of Anaximander's in Milet and had learned the art of cartography from him; his global map was also circular. He elaborated his map by the addition of lines which assisted orientation to the points of the compass in that they illustrated the relative positions of the places shown.

Another of Anaximander's pupils, the philosopher Pythagoras from the islands of Samos in Asia Minor, had the idea that the earth must be spherical but his reasoning for this conclusion lacked conviction. As the desire for harmony was also expressed in the world, and as the sphere was the most harmonious shape, he considered the spherical shape of the world as proven.

Greek learning was however too rigidly based on observation and experience to be capable of accepting Pythagoras' new theory. The concept of the earth as being a flat disc retained validity for some centuries; Herodotus the historian also drew a global map reinforcing this idea and he was supported by all thinkers until the advent of Aristotle. Only after Plato and Aristotle had revived the concept of a spherical world came the second great breakthrough in humanity's view of the earth.

VON DER RUNDEN ZUR VIERECKIGEN KARTE

Im ägyptischen Alexandria führte der griechische Philosoph Eratosthenes im Jahre 228 v. eine Erdmessung durch, die den Kugelcharakter der Erde unwiderleglich bewies und den Erdumfang mit einer Abweichung von weniger als 1 Prozent genau berechnete. Seine Technik war dabei so einfach wie das Ergebnis revolutionär: In Alexandria, wo er die griechische Bibliothek leitete, bedeckte er eine tiefe Grube mit einem Deckel, in dem ein kleines Loch war – dann maß er die Abweichung des einfallenden Sonnenstrahls vom Lot und nahm ein Jahr später am gleichen Tage zur gleichen Stunde die gleiche Messung unter gleichen Bedingungen in dem 5000 Stadien weiter südlich gelegenen Syene (Assuan) vor. Aus der Differenz des Einfallswinkels der Sonne errech-

FROM THE ROUND TO THE RECTANGULAR GLOBAL MAP

In Alexandria in Egypt in the year 228 B. C. the Greek philosopher Eratosthenes conducted a global survey which proved indisputably the spherical character of the earth and which established its circumference with an error of less than 1%. His method was as simple as his results were revolutionary. In Alexandria, where he headed the Greek library, he covered a deep trench with a lid in which there was a small hole. He then measured the deviation of the strike of the sun's rays from the vertical (as indicated by a plumb line); exactly one year later he conducted the same measurement, at the same time of day and under the same conditions, at the town of Syene (Aswan) some 5,000 stadia south of Alexandria. From the difference in the angles of strike of the sun's rays he

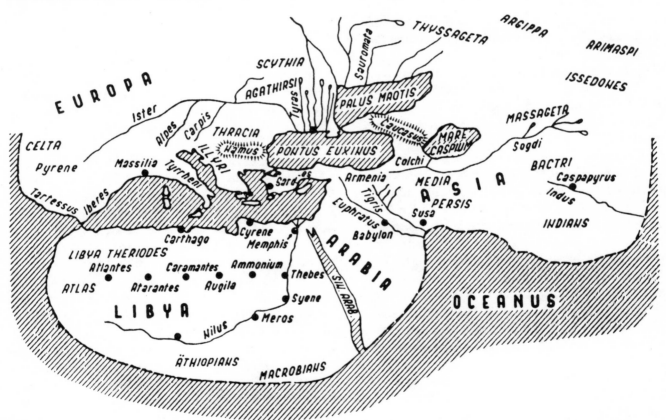

Karte 8: Nach eigenen Reisen bis Mesopotamien und Ägypten zeichnete der griechische Historiker Herodot um 450 v. diese ovale Weltkarte, die Libyen nicht mehr zu Asien zählt, sondern als eigenen Erdteil neben Europa und Asien stellt. Aber auch für ihn blieb die Erde eine flache Scheibe (Rekonstruktion).

Map 8: After several travels as far as Mesopotamia and Egypt undertaken by himself, the Greek historian Herodotus drew, about 450 B.C., this oval global map which no longer saw Libya as part of Asia but placed it as a continent in its own right beside Europe and Asia. But the earth remained for him, too, a flat disc (reconstruction).

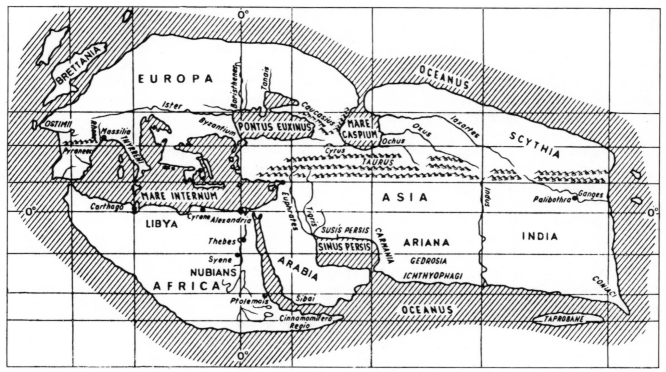

Karte 9: In Alexandria (Ägypten) schuf der griechische Mathematiker und Geograph Eratosthenes um 222 v. die erste Weltkarte, die von der Kugelgestalt der Erde ausgeht. Ihr *rechtwinkliges Gradnetz* erleichterte die Orientierung und gab ihr die kartographischen Qualitäten der *Lagetreue* und der *Achstreue* (Rekonstruktion).

Map 9: In Alexandria (Egypt) the Greek mathematician and geographer Eratosthenes drew, about 222 B.C., the first global map which is based on the spherical shape of the earth. Its *rectangular* grid made orientation easier and gave the map the cartographic qualities of *fidelity of position* and of *axis* (reconstruction).

Karte 10: Da sich das moderne geographische Weltbild des Eratosthenes nicht durchsetzte, kehrte der griechische Philosoph Poseidonios um das Jahr 100 v. zur ovalen Kartenform und zur alten Vorstellung von der Erde als einer Scheibe zurück (Rekonstruktion).

Map 10: Since the modern geographical global picture of Eratosthenes was not accepted, the philosopher Poseidonius, about 100 B.C., turned back to the oval shape of the map and to the old conception of the earth as a disc (reconstruction).

nete er dann den Erdumfang. Leider war die von ihm gezeichnete Erdkarte in ihrer Ausführung so mangelhaft wie der Stand der geographischen Forschung seiner Zeit und erfaßte, wie alle Erdkarten dieser frühen Zeit, nur etwa 8% der Erdoberfläche. Auch schloß er aus dem Zunehmen der Temperatur nach Süden, daß Afrika von einem bestimmten Punkte an südwärts nicht mehr bewohnbar sein könnte. In seine Erdkarte zeichnete Eratosthenes neun Meridiane und acht Breitenkreise ein, das erste Gradnetz. Es war rechtwinklig, aber die Abstände zwischen den senkrechten und waagerechten Linien waren unregelmäßig. Mit dem neuen Weltbilde war die neue Kartenform geboren: Viereckig war nun das Bild der Erde, das auf mathematischer Berechnung beruhte, und der das Wissen um die Kugelgestalt der Erde zugrunde lag. Die runde Karte, die am Anfang der Kartographie gestanden hatte und aus der Vorstellung von der Erde als einer runden Scheibe erwuchs, war überholt. Aber das neue Weltbild setzte sich noch lange nicht durch.

then calculated the circumference of the world. Unfortunately his subsequent global map was as faulty as the state of the geographical exploration of his contemporaries (as were all maps of these early times) and showed only 8% of the surface of the world. From the increasing temperature in the region of Africa south of Egypt he deduced that, from a certain point onwards, the continent must be uninhabitable.

Eratosthenes had drawn nine meridians and eight parallels of latitude on his global map and had thus produced the first grid system. It was rectangular but the intervals between the vertical and horizontal lines were irregular. With this new concept of the world a new shape of global map was introduced; it was rectangular and based on mathematical calculations and on the knowledge that the earth was a sphere.

The circular map, produced at the dawn of cartography and based on the concept of the earth as a circular disc, was dead.

This new view of the world was however to remain controversial for many years to come. The Romans,

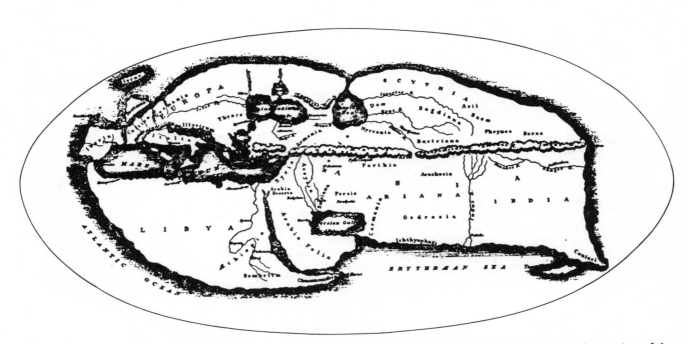

Karte 11: Der griechische Geograph Strabo schrieb hundert Jahre später, um die Zeitwende, in Kleinasien dieses überholte Weltbild fort. Dabei verbesserte er die Genauigkeit der Karteninformation, indem er zunächst alle in der Bibliothek von Alexandria (Ägypten) gesammelten geographischen Aufzeichnungen in 18 Bänden zusammenfaßte (Rekonstruktion).

Map 11: A hundred years later, about the beginning of the Christian era, the Greek geographer Strabo continued this outdated picture of the world in Asia Minor. At the same time he improved the exactness of the map's information by at first compiling in eighteen volumes all the geographical writings collected in the library of Alexandria (Egypt) (reconstruction).

Die Römer, die in den kommenden Jahrhunderten auch die geographischen Vorstellungen des Mittelmeerraumes bestimmten, kehrten zum alten Weltbilde zurück; die Erde war für sie wieder eine flache, runde Scheibe. Plinius und Cicero, Sallust und Lukrez lehrten dieses Weltbild, und so waren die römischen Weltkarten auch wieder kreisrund, als hätte es Eratosthenes nicht gegeben.

Doch in der alten phönizischen Hafenstadt Tyros (Vorderasien) dachte der griechische Geograph Marinos die Lehren des Eratosthenes weiter. Er brachte dessen unregelmäßige Orientierungslinien in ein System rechtwinklig sich schneidender, gleichabständiger Grade, wobei er die Erde von oben nach unten in acht Breitenkreise („Klimata') teilte, und von rechts nach links in Meridiane. Dabei stützte er sich auf den griechischen Naturforscher Hipparch, den Begründer der wissenschaftlichen Sternkunde, der die Kartenkonstruktion des Eratosthenes wegen ihrer ungenügenden astronomischen Grundlagen getadelt hatte, und der eine Teilung des über die Erde zu legenden Kartennetzes in 360 Grade vorschlug.

who dictated the geographical representation of the Mediterranean for the ensuing centuries, fell back upon the old concept; for them the earth was a flat, round disc. Pliny, Cicero, Sallust and Lucretius all propagated this theory and all Roman global maps were thus discs – as if Eratosthenes had never existed.

In the old Phoenician harbour town of Tyre in the Levant, however, the Greek geographer Marinos extended the teachings of Eratosthenes; he converted his irregular orientation lines into a regular rectangular grid system and divided the earth from top to bottom into eight latitudinal zones ("Klimata") and from side to side into meridians. He based his work on the teachings of the Greek scientist Hipparchus, the founder of scientific astronomy, who had criticized Eratosthenes' cartography for its inexact astronomical foundation. Hipparchus proposed the division of the global map's system into 360 degrees.

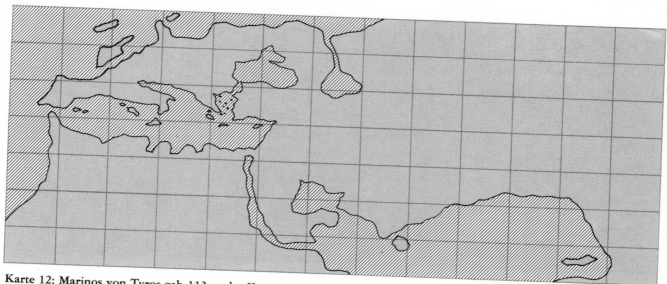

Karte 12: Marinos von Tyros gab 113 n. der Kartographie mit seiner Weltkarte eine wissenschaftliche Grundlage. Sein regelmäßiges Netz rechtwinklig sich schneidender Längen- und Breitengrade ermöglichte eine genaue Ortsbestimmung und gab seiner Karte die beiden mathematischen Grundqualitäten, die Eratosthenes 350 Jahre vorher entwickelt hatte: *Lagetreue* und *Achstreue* (Rekonstruktion).

Map 12: Marinos of Tyre laid with his global map of 113 A.D. the scientific basis of cartography. His regular grid of rectangular intersecting meridians and parallels made an exact determination of geographical position possible and gave his map the two basic mathematical qualities: *fidelity of position* and *of axis*, which Eratosthenes had developed 350 years earlier (reconstruction).

BEGINN DER KARTENPROJEKTION

So empfahl Marinos in einem Buche, das er im Jahre 113 unserer Zeitrechnung herausgab, die Erstellung viereckiger Erdkarten auf mathematischer Grundlage.

Dies war die Geburtsstunde der Projektionslehre und damit der wissenschaftlichen Kartographie. Seine Erdkarte hatte bereits zwei entscheidend wichtige mathematische Qualitäten: sie war achstreu und lagetreu. Und sie faßte die Kenntnis der Erde in nie gekannter Weite und Genauigkeit zusammen. Von

THE BEGINNINGS OF MAP PROJECTION

In the year 113 A.D. Marinos wrote a book in which he recommended the production of rectangular global maps based on mathematical calculations.

This was the birth of map projection and thus of scientific cartography. Marinos' global map already possessed two of the most decisive mathematical qualities — it had fidelity of axis and fidelity of position and additionally it presented the then known world in hitherto unknown extent and accuracy. In the west the map extended to the Atlantic coast,

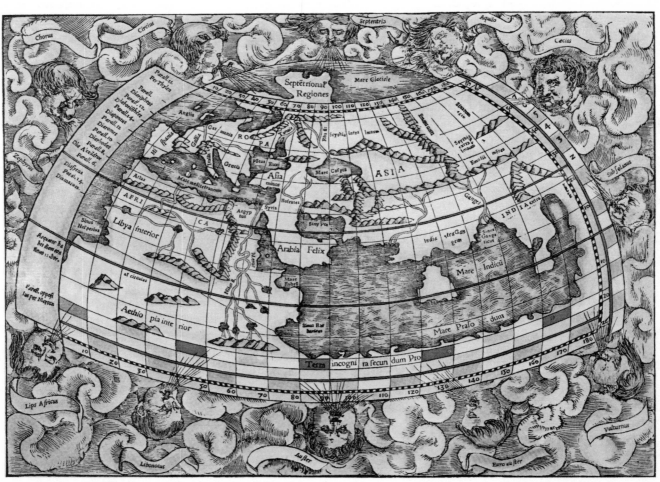

Karte 13: Das geographische Weltbild des Griechen Ptolemäus (um 170 n.) stellte in mehrfacher Hinsicht einen Rückschritt gegenüber Eratosthenes und Marinos von Tyros dar, mit deren rechtwinkligem Gradnetz er *Achstreue und Lagetreue preisgab*. Seine Erdkarte, die nur acht Prozent der Erdoberfläche zur Anschauung bringt, stellte den Beginn einer Epoche des Niederganges der Kartographie dar (Rekonstruktion).

Map 13: The geographic image of the world of the Greek Ptolemy (about 170 A.D.) was in more than one respect a step backward from Eratosthenes and Marinos of Tyre whose rectangular grid as well as their fidelity of axis and position he abandoned. His map, which represented only eight per cent of the earth's surface, is the beginning of a period of decline of cartography (reconstruction).

der Westküste Europas bis zur Bretagne und nach Irland erstreckte sie sich im Westen, und im Osten über das Kaspische Meer bis nach Indien, hinter dessen Grenze er bereits China andeutete. Damit hatte er fast zehn Prozent der Erdoberfläche auf seiner Erdkarte zur Darstellung gebracht. Seine Konzeption blieb über anderthalb Jahrtausende lang der nicht wieder erreichte Höhepunkt der Kartographie; denn die Zeit war noch nicht reif für sein geographisches Weltbild.

ERSTER SCHRITT ZURÜCK: PTOLEMÄUS

Geprägt wurde das Weltbild der ersten fünfzehnhundert Jahre unserer Zeitrechnung zunächst durch den griechischen Astronomen Ptolemäus, der im ägyptischen Alexandria an der Quelle des Wissens des gesamten griechisch-römischen Altertums saß. Aber er war bei allem Fleiße ein zaghafter Denker, dem die Universalität wie die Kompromißlosigkeit des Eratosthenes fehlte. Auf seinem eigenen Gebiet, der Astronomie, blieb er in der Genauigkeit seiner Beobachtungen hinter Hipparch zurück; sein geozentrisches Weltbild stellte gegenüber den Denkern vor ihm einen Rückschritt dar. Die Erdkarte endet bei Ptolemäus weit nördlich des Äquators, Äthiopien ist das Südende der Welt, und bei der Berechnung des Erdumfanges stützte er sich auf Strabo statt auf Eratosthenes, so daß seine Erde viel zu klein geriet, und er den Äquator viel zu hoch legte. Der Indische Ozean wurde bei ihm wieder zu einem Binnenmehr, an dessen Südküste Asien und Afrika noch einmal zusammenstießen. Außerdem ersetzte Ptolemäus das von Marinos vollendete rechtschnittige Gradnetz des Eratosthenes durch ein von ihm geschaffenes konisches Netz, dessen gerundete Meridiane im Nordpol zusammenliefen und dessen ebenfalls gerundete Breitenkreise den Nordpol zum Mittelpunkt hatten, ein Kartennetz also, das weder achstreu noch lagetreu ist. Ptolemäus verfaßte auch eine Schrift, in der er Marinos tadelte, weil dieser die bewohnbare Erde zu groß dargestellt habe. Bei Ptolemäus schrumpfte die Erde wieder auf 8 Prozent ihrer wirklichen Größe.

Ptolemäus leitete mit seinem geographischen Weltbilde aber nur den Rückschritt der Kartographie in den ersten anderthalb Jahrtausenden unserer Zeitrechnung ein. Seine Erdkarte überragte trotz ihrer

Brittany and Ireland and in the east it included the Caspian Sea and India with indications that China existed beyond. Marinos had thus included almost 10% of the surface of the world in his map. For fifteen hundred years this map remained the peak of cartographical achievement because the world was not yet ready to accept Marinos' geographical view of the world.

THE FIRST STEP BACKWARDS: PTOLEMY

For the first one thousand five hundred years A.D., the concept of our world was formed by the Greek astronomer Ptolemy who worked in Alexandria, the source of knowledge of the entire Graeco-Roman antiquity. Despite his enormous industry, however, Ptolemy was a timorous thinker who lacked the universality and the unwillingness to compromise of Eratosthenes. Even in his own field, astronomy, the exactness of his observations was less than that of Hipparchus. Ptolemy's geocentric view of the world represented a retrogressive step when compared to the philosophers who had preceded him. On this new map, which ended far above the equator, Ethiopia formed the southernmost limit of the world. Ptolemy also based his calculation of the globe's circumference on Strabo instead of on Eratosthenes with the result that his world was far too small and the equator far too high. He also reduced the Indian Ocean to an inland sea again, enclosed in the south by the conjoining continents of Africa and Asia.

In addition Ptolemy replaced Marinos' improved Eratosthenian rectangular grid system with his own conical system whose rounded meridians all came together at the North Pole, which was also the central point of the rounded parallels of latitude. This grid system had neither fidelity of axis nor fidelity of position.

Ptolemy also wrote a criticism of Marinos' work in which he complained that his predecessor had shown the inhabitable parts of the earth as too large. On Ptolemy's global map the earth again shrank to 8% of its true size.

Despite all these errors, Ptolemy's global map represented only the start of the decline of cartography

Mängel und Irrtümer die Karten des ganzen Mittelalters noch bei weitem.

Schon in dem auf Ptolemäus folgenden 3. Jahrhundert unserer Zeitrechnung konnte Laktantius die Erde im Einklang mit der biblischen Überlieferung wieder

in the next fifteen hundred years and indeed it was head and shoulders above all such works produced in the Middle Ages.

Within a hundred years of Ptolemy's work (in the 3rd century A.D.), Laktantius was capable of re-

Karte 14: Mehr als ein Jahrtausend lang beherrschte die christliche Glaubenslehre auch die Kartographie Europas, deren verbindliche Quelle die Bibel wurde. Diese im 9. Jahrhundert entstandene Karte ist Grundtyp der von den Kirchenlehrern geprägten christlichen Kartographie, die von Ptolemäus übernahm, was mit den Glaubenslehren der Kirche vereinbar war. Dabei wurde das geographische Weltbild des Menschen wieder von der biblischen Vorstellung geprägt, die Erde sei eine runde Scheibe (Rekonstruktion).

Map 14: For more than a millenium Christian doctrine dominated European cartography whose obligatory source became the Bible. This ninth-century map is a basic type of Christian cartography as molded by the teachings of the Church, which took from Ptolemy what could be reconciled to the doctrines of the Church. As a result the geographic image of the world was again distinctly coined by the biblical concept that the earth was a disc (reconstruction).

als runde Scheibe erklären. Für diesen Kirchenvater, der die christlichen Lehren zu einem geschlossenen Weltbilde zusammenfügte, waren die Naturwissenschaften insgesamt unvereinbar mit der Religion, und er nannte die noch immer von manchen Denkern behauptete Kugelgestalt der Erde ‚physisch unmöglich'. 200 Jahre später, nachdem die Christen mit der Bibliothek von Alexandria die Zeugnisse der überlegenen vorchristlichen Denker als ‚heidnisch' verbrannt hatten, schrieb der zum Heiligen erhobene Erzbischof Isidor von Sevilla das ‚natürliche Weltbild' fest, in dem wieder in der Vorstellung von der Erde als einer runden Scheibe ihren Ausdruck fand. Dem Vorbilde der von Isidor von Sevilla geschaffenen Karte folgend, wurden die Weltkarten wieder kreisrund, wie es dieser Vorstellung von der Erde als einer runden Scheibe entsprach. So war mit dem biblischen Weltbilde für das folgende christliche Jahrtausend ein längst überholtes geographisches Weltbild festgeschrieben.

For Laktantius, one of the Church Fathers, who used Christian teaching to produce a totally coherent view of the world, science and religion were incompatible. He condemned the spherical concept of the globe – still championed by some philosophers – as "physically impossible".

Two hundred years later, when the Christians had burned the great library of Alexandria with all its works of the leading pre-Christian philosophers as being "heathen", the sainted Archbishop Isidorus of Seville dictated anew the church's "natural concept of the world": a flat, round disc.

Adhering to this concept the global map also became round – to match the flat, disc-shape of the world itself. With this biblical interpretation of the theoretical concept of the world's form the Christian geographical concept of the world was fixed for the next thousand years.

ZURÜCK ZUR RUNDEN ERDKARTE

Ptolemäus hatte als ein der Wahrheit verpflichteter Wissenschaftler noch sein Weltbild offen gehalten, indem er die Möglichkeit des Vorhandenseins weiterer, ihm unbekannter Länder jenseits der von ihm aufgezeichneten bewohnten Erde einräumte. Mit der allein auf die Bibel verpflichteten christlichen Kartographie war aber nun unser Weltbild für ein Jahrtausend endgültig, unveränderbar, geschlossen. Denn auch für die Kartographen dieser Epoche war die Bibel verbindliche Quelle, und so ging es in den folgenden Jahrhunderten bei der Veränderung des geographischen Weltbildes nur noch um die Auslegung von Bibelstellen: Ob wirklich alle Meere zusammenhängen müßten, wenn nach der Schöpfungsgeschichte Gott dem Lande und dem Wasser einen besonderen Ort zugewiesen habe; ob das apokryphe Buch Esra für die Kartographie verbindlich sei, nach dem Gott nur ein Siebentel der Erde mit Wasser bedeckt habe; ob es außerhalb der bekannten Welt noch bewohnte Gegenden geben könne, wenn doch alle Menschen von Noah und seinen Söhnen abstammten; wie groß das Paradies auf der Weltkarte

THE RETURN TO THE CIRCULAR GLOBAL MAP

Ptolemy, as a scientist dedicated solely to truth, had left his concept of the world open in that he allowed in his map for the emergence of other lands as yet undiscovered and outside the known, inhabited areas. With the advent of a global concept, based only on the Bible, Christian cartography remained final and unchangeable for a millenium. The Bible was an obligatory source document for cartographers as well as others and the only deviations permitted in the geographical concept of the world were various forms of pictorial translations of biblical texts: whether all the oceans really conjoined when according to the story of the Creation God had given particular places to the land and to the water; whether the apocryphal Book of Ezra was binding on cartography if God indeed had covered only one seventh of the earth with water; whether there could be inhabited areas outside the known world if all men were descended from Noah and his sons; how large should Paradise be shown on the map of the world and where should it be placed, in the extreme east of the disc or in the far north, or in the most advantaged area of the Orient,

23

einzuzeichnen sei, und ob es sich im äußersten Osten der Erdscheibe befindet oder im Norden, oder in der beglückendsten Gegend des Morgenlandes, halbwegs zwischen Kaukasus und Indien oder auf einer Insel im Meere.

Die Kartographie wurde in Konzeption und Inhalt zum bloßen Ausdruck der jeweils verbindlichen Bibel-Exegese. So wandten sich die Kartographen dem ihrer freien Entfaltung verbliebenen Raume zu, der Kartengestaltung. Auf diese Weise wurden die inhaltlich rückschrittlichen, primitiven Weltkarten des Mittelalters durch ihre phantasievollen Illustrationen oft besonders schön.

SELBSTÜBERHEBUNG UND FREMDENHASS

Auch in der künstlerischen Ausgestaltung der Erdkarten kam das Weltbild des Mittelalters zum Ausdruck. Isidor von Sevilla hatte in seiner Kosmographie ,Von der wahren Natur‘,[2] die seine Weltkarte enthielt, von allerlei sonderbaren Wesen berichtet, von Pygmäen, Schattenfüßlern und Hermaphroditen, von verzauberten Menschen, Werwölfen und Hexen. So wurden die Gebiete außerhalb der Kartenmitte, in der man sich selbst befand, von den Kartographen zunehmend mit seltsamen Fabelwesen ausgeschmückt: Vieräugige Äthiopier, nasenlose Neger, hakenbeinige Wüstenmenschen und Inder mit acht Zehen an jedem Fuß. Je weiter man zum Kartenrande kam, desto schrecklicher wurden die Gestalten: Menschen mit Pferdefüßen, Hundeköpfen oder Schweineschwänzen, Menschen mit zwei Köpfen oder mit dem Kopf unter dem Arm – kurz: Die Abscheulichkeit wuchs mit der Entfernung vom Mittelpunkt aller Kultur und Menschlichkeit, dem eigenen Lebensraume. Damit war die griechische Überheblichkeit, der alles Fremde barbarisch erschienen war (das griechische Wort ,Barbar‘ heißt ,der Fremde‘) ins Christliche übersteigert.

Die Kirche förderte die Kartographie nicht nur in den Klöstern, sie sah in ihr ein wichtiges Mittel zur völligen Überwindung des ,heidnischen‘ Weltbildes, das auch im christlichen Europa nur niederzuhalten, aber nicht auszurotten war. Sogar der christliche Bischof Jacobus von Edessa bezweifelte um 700 n das christliche Weltbild und trat mutig für die ,heidni-

halfway between the Caucasus and India on an island in the sea?

Cartography's concept and content degenerated to the level of mere expressions of the then valid biblical exegesis.

The cartographers thus turned their energies to the only area for free expression left to them – the manner of decorating their maps. As a result, the primitive, retrogressive, medieval global maps were often works of beauty due to their imaginative artistic decoration.

ARROGANCE AND XENOPHOBIA

The global concept of the medieval world was expressed in these maps; Isidorus of Seville included a global map in his work "Of the True Nature"[2] and told of all sorts of exotic beings, of pygmies, monopods, hermaphrodites, of enchanted people, werewolves and witches. It became fashionable for cartographers to show those areas on the periphery of the map, that is those areas distant from their own homelands, as being peopled with peculiar and fantastic beings: four-eyed Ethiopians, noseless negroes, hamatose desert people and Indians with eight toes on each foot. The closer to the edge of the map one travelled, the more terrible became the inhabitants of the areas traversed: men with horses' feet, dogs' heads or pigs' tails; men with two heads or with their heads under their arms.

In short, the degree of physical revulsion of the world's inhabitants increased the further away they were from the focal point of all culture and humanity which was, of course, one's own homeland.

So the Greek arrogance, which classed all things foreign as barbaric (the Greek word 'Barbar' means 'the stranger'), was exceeded by a Christian arrogance.

The church promoted cartography not only within its monasteries; she saw in it an important weapon for the complete defeat of the "heathen" world concept which could be kept in check in Christian Europe but not completely stamped out.

Even the Christian Bishop Jacobus of Edessa doubted the validity of the church's world concept

sche' Vorstellung der Kugelgestalt der Erde ein; einige Jahrzehnte später wagte auch Bischof Virgilius von Salzburg, dieses Weltbild zu verteidigen. Dafür wurde er vom heiligen Bonifatius in Rom angeklagt und 748 vor ein Konzil gestellt, wo Papst Zacharias ihm die Priesterwürde entzog und seine Lehren von der Kugelgestalt der Erde als ‚verkehrt und frevelhaft' verurteilte. Virgilius blieb aber trotz Weihenentzuges Bischof von Salzburg dank des Rückhalts, den ihm der Herzog von Bayern bot; Papst Zacharias malte im Vatikan eigenhändig eine runde Erdkarte mit dem ‚richtigen' Weltbilde von der flachen Erdscheibe; und der heilige Bonifatius, der Virgilius wegen seines ‚falschen' Weltbildes der kugelförmigen Erde denunziert hatte, wurde von Germanen erschlagen.

Aber nicht immer ging der Kampf um die Aufrechterhaltung des christlichen Weltbildes im Mittelalter so aus — zunehmend blieben die Verfechter des als ‚heidnisch' verfemten wissenschaftlichen Weltbildes auf der Strecke, noch lange bevor die Grabesstille

and in 700 A.D. championed the opposing, "heathen" world concept of a spherical planet earth. Some decades afterwards Bishop Virgilius of Salzburg also dared to defend this "heathen" concept. As a result he was accused by Saint Boniface in Rome and in 748 A.D. brought before the council where Pope Zacharius defrocked him and condemned his concept of a spherical world as "perverse and criminal". Despite being defrocked however, Virgilius remained bishop of Salzburg thanks largely to the support given him by the Duke of Bavaria.

In the Vatican meanwhile, Pope Zacharius drew his own, circular global map with the 'correct' global concept of the earth as a flat disc. Saint Boniface, who had denounced Virgilius because of his "false" world concept of a spherical earth, was killed by the Germans.

The controversies over the maintenance of the medieval Christian world concept did not always end in this manner; more often than not the champions

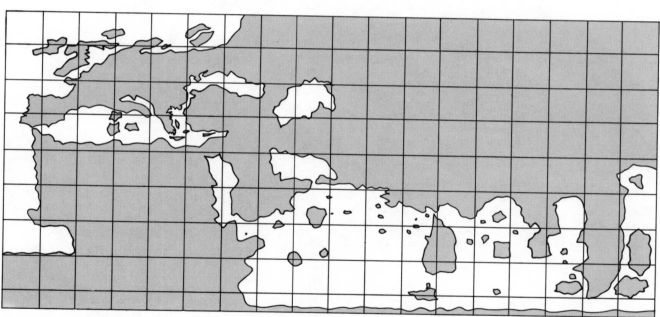

Karte 15: Außerhalb Europas entwickelte sich die Wissenschaft weiter. So schuf der aus Chiwa (Usbekistan) stammende arabische Mathematiker Al Karismi um 830 n. diese Erdkarte. Sie ist eine Fortentwicklung der Karte des Marinos von Tyros, dessen rechteckige Planfelder er quadrierte. Mit seiner, später „quadratische Plattkarte" genannten Erdkarte hat er die 700 Jahre lang vergessenen Kartenqualitäten der *Lagetreue* und der *Achstreue* wieder zur Geltung gebracht. Diese von Hubert Daunicht vorgenommene Rekonstruktion zeigt die Kontinentumrisse der Al-Karismi-Karte.

Map 15: Outside Europe science progressed. Thus the Arab mathematician Al Karismi, of Chiwa (Uzbekistan), drew this global map about 830 A.D. It is an advancement of the map of Marinos of Tyre whose rectangular grid is squared. With his global map, later called 'square plate carrée', he restored the cartographic qualities of *fidelity of position* and of *axis*, which had been forgotten for seven hundred years. This reconstruction, undertaken by Hubert Daunicht, shows the outlines of continents of Al Karismi's map.

der Inquisition sich über Europa legte. Die Erdkarten blieben schön und falsch.

In der arabischen Welt aber wurde das ‚heidnische' Weltbild der Antike bewahrt und weiterentwickelt. Al Karismi, als Begründer des Dezimalsystems Schöpfer der modernen Mathematik, formte in Chiwa (Usbekistan) die rechteckige Plattkarte des Marinos von Tyros zur quadratischen Plattkarte um. Im 9. Jahrhundert schuf er auf der Grundlage dieser orthogonalen Projektionsweise eine allen im christlichen Europa entstandenen Karten dieser Epoche turmhoch überlegene Erdkarte. Sie war achstreu und lagetreu.

of the "heathen" scientific world concept fell by the wayside long before the grave-like silence of the Inquisition spread over Europe. The global maps remained beautiful — and wrong.

In the Arab world, however, the "heathen" concept of the world of antiquity was preserved and advanced. Al Karismi, the inaugurator of the decimal system and, as such, of modern mathematics, converted in Chiwa (Uzbekistan) the rectangular-grid map of Marinos of Tyre into the square-grid map. In the ninth century he created on the basis of this orthogonal projection a global map which towered high above all maps that came into being in the Christian Europe of this period; it possessed fidelity of axis and of position.

Karte 16: Auch in der arabischen Welt setzte sich die revolutionäre Kartographie des Al Karismi nicht durch. Um 980 n. schuf der in Persien lebende arabische Geograph Ibn Haukal diese Erdkarte, die in ihrer ovalen Form an die runden Karten der christlichen Kartographie Europas erinnert. Aber Land und Meer sind klar getrennt, die Darstellung beschränkt sich auf geographische Inhalte und ist deshalb klarer in der Aussage (Rekonstruktion).

Map 16: In the Arab world, too, the revolutionary cartography of Al Karismi was not accepted. About 980 the Arab geographer Ibn Haukal, who lived in Persia, made this global map which, in its oval form, reminds one of the rounded maps of Europe's Christian cartography. But land mass and the seas are clearly separated, representation is restricted to geographical information and is therefore clearer in what it says (reconstruction).

KULTSTÄTTEN ALS KARTEN-MITTELPUNKT

Im elften Jahrhundert erfuhr mit den Kreuzzügen europäischer Christen nach Vorderasien die Stadt Jerusalem eine solche Aufwertung, daß die inzwischen ganz auf die Kirche eingeschworene Kartographie Europas sie in den Mittelpunkt der Welt rückte. Fortan wölbte sich der Erdkreis der christlichen Weltkarten rund um das Zentrum Jerusalem. Die etwa gleichzeitig zur Blüte gelangende, der europäischen überlegene arabische Kartographie wählte Mekka als Mittelpunkt ihrer Erdkarten, von denen besonders diejenige bekannt wurde, die Al Idrisi in Sizilien für den Normannenkönig Roger II. zeichnete. Nun war in ganz Europa, Vorderasien und Nordafrika ein mit dem religiösen Weltbilde deckungsgleiches Kartenbild an die Stelle des auf den eigenen Lebensraum zentrierten Kartenbildes getreten.

Die in ihrer Konzeption erstarrten Erdkarten verbesserten ihre künstlerische Gestaltung. Auch die kartographische Ausführung machte Fortschritte. Die vorwiegend in Kleinasien und Ägypten wohnhaften Kartographen des Altertums hatten vom europäischen Kontinent nur die dem Mittelmeer zugewandte Seite genauer gekannt. Die christlichen Kartographen des Mittelalters erhöhten mit der wachsenden Kenntnis des mittleren und nördlichen Europa die Genauigkeit der Erdkarten in diesen Bereichen erheblich. Und auch die Mitteilungen von Reisenden über fremde Länder und ferne Kontinente wurden bei der Kartengestaltung laufend berücksichtigt.

ERSTE AUSWEITUNG DES WELTBILDES

Seit dem Ende des ersten Jahrtausends wurden die Arbeitsergebnisse der arabischen Kartographie auch in Europa bekannt. Mit ihrer Kunde von den weiten islamischen Eroberungs- und Missionsreisen erweiterten sie die allgemeine Kenntnis von der Beschaffenheit der Erde. Auch das Vordringen der Mongolen nach Europa zu Beginn des 13. Jahrhunderts öffnete den Blick der Kartographen für die Weite der Welt, und als am Ende dieses Jahrhunderts Marco Polo nach

PLACES OF WORSHIP AS CENTRE POINTS OF MAPS

During the eleventh century the Crusades of European Christians to the Holy Land caused Jerusalem to be promoted to such a pre-eminence that European cartographers, now totally dedicated to the church's geographical teachings, placed that city in the central position of their global maps. From now on the Christian lands were shown arched about Jerusalem.

Arab cartography, which was superior to that of the Europeans and which experienced a golden age at about the same time, chose Mecca as the central point of its maps.

One of the most famous of these maps is that drawn by Al Idrisi in Sicily for the Norman King Roger II.

In Europe, the Levant and North Africa, maps were now being produced which in each case faithfully followed the cartographer's religious world concept instead of showing the cartographer's own land as the central point.

Global maps, fossilized in their concept, improved artistically; the cartographical execution also progressed. The ancient cartographers, mainly based in the Levant and in Egypt, had only known well those parts of the European continent which bordered on the Mediterranean.

Christian cartographers, with their increasing knowledge of central and northern Europe, were able to raise the standards of accuracy of their maps in these areas considerably. Reports brought in by travellers who had visited far-flung lands and continents were also taken into account by the map makers.

THE FIRST EXTENSION OF THE WORLD CONCEPT

From the end of the first millenium A.D. the results of the labours of Arab cartographers became known in Europe. These Arab map makers had improved their general knowledge of the earth's structure by exploitation of the intelligence gathered during the extensive Islamic crusades and conquests. The Mongol invasion of Europe at the beginning of the 13th century opened the cartographers' eyes to the true extent of the world, and when, at the end of this

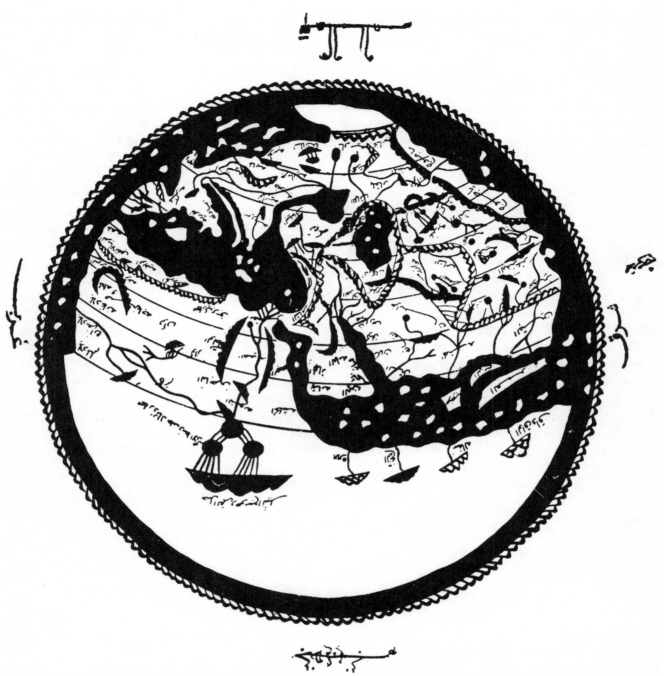

Karte 17: Wie stark auch arabische Kartographen von der christlichen Kartographie Europas beeinflußt waren, zeigt das Lebenswerk des Al Idrisi. Auf Sizilien schuf er im Jahre 1154 für den Normannenkönig Roger II. diese schöne, übersichtliche Weltkarte, die stark an die runden christlichen Karten erinnert. Nur steht hier nicht Jerusalem, sondern das islamische Heiligtum Mekka im Mittelpunkt der Erde. Er ritzte diese Karte in eine silberne Tischplatte von zwei Meter Durchmesser.

Map 17: The work of Al Idrisi shows how strongly even Arab cartographers were influenced by the Christian cartography of Europe. In Sicily in 1154 he created for the Norman King Roger II this beautiful and clearly arranged global map, which reminds one strongly of the rounded Christian maps, though not Jerusalem but the Islamic sanctuary of Mecca is at the earth's centre. He scratched this map into a silver table-board of two meters' diameter.

einer Ostasienreise aus eigener Anschauung von China, Vietnam, Malaya, Sumatra und Ceylon berichtete, wurden die Pforten des geographischen Weltbildes Europas weit aufgestoßen. Zunehmend kehrte man zur Karten-Konzeption des Ptolemäus zurück, und die großen Denker Europas wie Albertus Magnus und Roger Bacon öffneten sich auch wieder seinem Weltbilde, das auf der Kugelgestalt der Erde beruhte. Aber die Kirche widersetzte sich dieser Öffnung des Weltbildes, Roger Bacon wurde von ihr 14 Jahre lang eingekerkert.

Die Inquisition bediente sich um diese Zeit einer einfachen Frage, deren Beantwortung ihr Klarheit über das Weltbild des der Ketzerei Angeklagten gab: Die Antipodenlehre. Nur wer der ‚heidnischen‘ Vorstellung von der Kugelgestalt der Erde anhing, konnte annehmen, daß die von uns bewohnte Erde noch eine Gegenseite hat, auf der Menschen leben können. Wer sich zu dieser Antipodenlehre bekannte,

century, Marco Polo reported his impressions of China, Vietnam, Malaya, Sumatra and Ceylon following his Asian voyage of discovery, the gates of the European world concept were really pushed wide open.

Repeated attempts were made to revert to Ptolemy's map concept and European thinkers such as Albertus Magnus and Roger Bacon were prepared to embrace his idea of a spherical world.

The church however remained rigid and Roger Bacon was imprisoned by them for 14 years for this temerity.

The Inquisition made use of a relatively simple touchstone at this time to establish the guilt of one suspected of heresy: the Antipodean Rule. Only someone who embraced the "heathen" concept of a spherical earth could accept that the inhabited world had an opposite side on which man could also exist. He who accepted this Antipodean Rule thus rejected

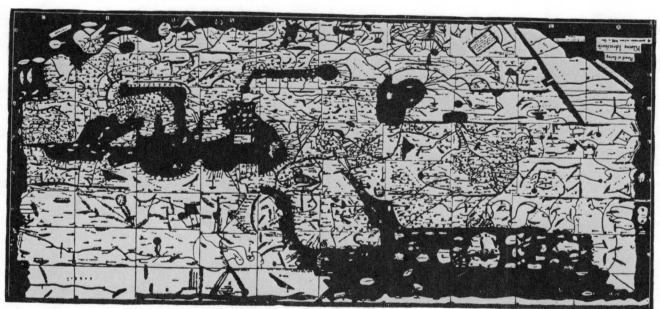

Karte 18: Knapp zehn Jahre später schuf der Araber Al Idrisi diese ganz in der Tradition seines Landsmannes Al Karismi stehende Weltkarte, die den Höhepunkt der Kartographie für Jahrhunderte bildete. Sein rechtwinkliges Kartennetz gibt der Karte *Lagetreue* und *Achstreue*; wesentliche Irrtümer vergangener Jahrhunderte sind korrigiert, insbesondere ist nun der Indische Ozean kein Binnenmeer. Das arabische Heiligtum Mekka bleibt aber auch auf dieser Karte im Mittelpunkt der Welt.

Map 18: Hardly ten years later the Arab Al Idrisi produced this global map which is quite in the tradition of his compatriot Al Karismi and which was the climax of cartography for centuries. His rectangular grid gives his map *fidelity of axis and position,* essential errors of past centuries are corrected, above all the Indian Ocean is no longer an inland sea. But the Arab sanctuary of Mecca remains also on this map in the centre of the world.

Karte 19: Um 1200 n. entstand diese schöne christliche Weltkarte als Beilage zu einem Psalmenbuch („Londoner Psalterkarte"). Sie zeigt die als runde Scheibe vorgestellte Welt mit Jerusalem im Mittelpunkt der Erde, die, getreu den christlichen Glaubenslehren, zu 6/7 von Land und nur zu 1/7 von Wasser bedeckt ist.

Map 19: About 1200 this beautiful Christian map ('London Psalter Map') appeared as an addition to a book of psalms. With Jerusalem at its centre, it shows the world as a disc which, according to Christian doctrine, is covered six sevenths by land and only one seventh by water.

leugnete also das von der Kirche mit ihrem Unfehlbarkeitsanspruch gelehrte Weltbild von der flachen runden Erdscheibe, über die Gott einen Himmel gewölbt hatte mit einem großen Licht für den Tag und vielen kleinen Lichtern für die Nacht. 1316 wurde der berühmte italienische Arzt und Philosoph Pietro d'Abano von der Inquisition wegen des Festhaltens an der ‚heidnischen' Antipodenlehre angeklagt und im Gefängnis zu Tode gemartert. Die Kirche ließ dann sein Bild noch vom Henker verbrennen. Sein Zeitgenosse Cecco d'Ascoli, der ebenfalls der Antipodenlehre und damit der Kugelgestalt der Erde vor der Inquisition nicht abschwor, wurde als Siebzigjähriger dem Scheiterhaufen übergeben. So behauptete die Kirche bis an die Schwelle des Zeitalters des Kolonialismus ihr rückschrittliches, immer brüchiger werdendes geographisches Weltbild, wie es auf ihren naiven, falschen Weltkarten sich niederschlug, auf denen die Erde eine runde Scheibe mit dem Zentrum Jerusalem (nach der Bibel ‚Nabel der Welt') blieb.

So schrieben die Karten des späten Mittelalters ein kartographisch seit seiner Entstehung überholtes, tausendfach widerlegtes Weltbild fest, und sie gaben diesem Weltbilde mit ihren schönen runden Erdkarten die sinnliche Erfüllung. In phantasievollen Bildern sah man auf diesen Erdkarten geographische Darstellungen wie die Säulen des Herkules und den Turmbau zu Babel sowie Ereignisse aus Geschichte und Sage, biblische Lehren, aber auch Fabeltiere und mythische Tiergestalten wie Greif und Drache, den alle 500 Jahre aus seiner Asche auferstehenden Phönix und natürlich das Paradies sowie ferne unbekannte Länder mit ihren wundersamen Bewohnern. So waren die Erdkarten bis ins Zeitalter des Kolonialismus umfassender Ausdruck des Weltbildes ihrer Zeit: Karte, Chronik, Enzyklopädie und Kunstwerk. Blickt man auf die größte und vielleicht schönste dieser mittelalterlichen Erdkarten, die über 12 Quadratmeter große Ebstorfer Weltkarte von 1240, so spürt man: Hier wurde nicht der nach Orientierung suchende Verstand unterrichtet, sondern das nach Schönheit suchende Gemüt des Menschen angesprochen. Bunt und überladen, verschwommen und falsch, wie es dem Weltbild des christlichen Jahrtausends europäischer Geschichte entsprach, waren die Erdkarten dieser Epoche. Und: Sie waren kreisrund, wie man sich die Erdscheibe vorstellte.

the church's propagated concept with its claim to infallibility: a flat earth under a celestial dome with a great light for the day and many small lights for the night.

In 1316 the famous Italian philosopher Pietro d'Abano was arraigned by the Inquisition for his adherence to the Antipodean Rule and was tortured to death in prison. The church then had his portrait burned by the executioner. His contempory, Cecco d'Ascoli, who also embraced the Antipodean Rule before the Inquisition, was burned at the stake at the age of seventy years. Thus did the church maintain its retrogressive, increasingly fragile geographical global concept until the dawn of the age of colonialism. This concept was repeatedly expressed, in its naive and wrong-headed entirety, in the maps of this era. The earth remained a round, flat disc, with Jerusalem (in adherence to the Bible) as its centre: the "Navel of the World".

Thus the late medieval global maps repeated a cartographical world concept which had been contradicted thousands of times since its inception. The circular shape of these maps reinforced this erroneous image. They were cluttered with allegorical images to demonstrate such features as the Pillars of Hercules and the Tower of Babel as well as historical events, myths, legends and biblical teachings. Not content with this, they were further complicated with drawings of mythical animals such as griffons, dragons and the phoenix — which rose again from its own ashes every five hundred years. Representations of Paradise were, of course, obligatory as were impressions of distant lands with their peculiar inhabitants.

The maps of this era were pure expressions of the European concept of the world right up to the age of colonialism: maps, chronicles, encyclopaedias and at the same time works of art.

If one examines the largest, and perhaps most beautiful, of these medieval global maps — the Ebstorf Map of 1240, which is over 12 square metres in size — one detects that it was not made in order to satisfy people's desire for orientation but to meet their desire for a love of beautiful objects. Colourful and crowded, obscure and wrong, the maps of this era were a genuine reflection of the Christian view of the world in this millenium. Above all, they were circular — just as the Christian concept of the world at this time demanded.

Karte 20: In dem norddeutschen Benediktinerkloster Ebstorf entstand um 1235 n. diese über zwölf Quadratmeter große handgemalte Weltkarte. Getreu den – auf den Dogmen des Isidor von Sevilla beruhenden – Kirchenlehren blieb die Erde eine runde Scheibe mit Jerusalem im Mittelpunkt. Die liebevolle Gestaltung der geographischen Einzelheiten, die Beigabe historischer und religiöser Vorstellungen machten diese Karte zu einem einmaligen Kunstwerk, dessen Original bis zu seiner Zerstörung im zweiten Weltkrieg (1943) erhalten blieb.

Map 20: About 1235 this hand-painted global map, more than twelve square meters in size, was made at the North German Benedictine monastery at Ebstorf. Faithful to the church doctrines based on the dogma of Isidorus of Seville, the earth remained a disc with Jerusalem at its centre. The devoted presentation of geographical detail and the addition of historical and religious concepts made the map a unique work of art, the original of which was preserved until it was destroyed in the Second World War (1943).

KARTOGRAPHIE ALS BERUF

Der Durchbruch kam aus dem Mittelmeerraum. Im 13. Jahrhundert fiel mit den Hafenstädten Valencia und Barcelona die Insel Mallorca an die Aragonische Föderation. Es entwickelte sich ein lebhafter Seehandel, der bis Syrien, Ägypten und Marokko reichte, also tief in den arabischen Raum hinein. Die Kartographie erhielt eine neue Richtung: Sie hatte nicht mehr das christliche Weltbild fortzuschreiben, es wurden brauchbare Seefahrerkarten von ihr verlangt, nach denen Schiffe ihren Weg über die Meere finden konnten. Auf der Insel Mallorca bildete sich in der Stadt Palma das Zentrum dieser neuen Kartographie. Hier wurden alle Nachrichten über Lage und Größe der bekannten Meere gesammelt und in immer neuen Seekarten verarbeitet. Nachdem es um 1200 in England gelungen war, Stahl zu magnetisieren, gab es hundert Jahre später einen brauchbaren Kompaß, mit dessen Hilfe Schiffe die Küsten verlassen und ihr Ziel direkt über das offene Meer ansteuern konnten. Seekarten wurden nun zu einer gefragten Ware, von deren Erlös die Kartographen leben konnten. Damit ging die Kartenherstellung von Philosophen, Historikern und Theologen in die Hände von Berufskartographen und kartographischen Werkstätten über. Genua und Venedig wurden neben Palma erste Zentren der Seekartenherstellung, die sich schnell zu einem blühenden Gewerbe entwickelte. Die ersten Berufskartographen richteten ihre Aufmerksamkeit, dem Interesse ihrer Käufer folgend, auf die lagerichtige Darstellung der Meere; für die Landflächen übernahmen sie zunächst die Überlieferungen der herkömmlichen Kartographie mit ihren Fehlern und Irrtümern. Aber mit der Richtigstellung der Meeresküsten war die äußere Form der Kontinente bereits korrigiert, und so zeichneten die Kartographen ihre Karten insgesamt wirklichkeitsgetreuer, ohne sich auf grundsätzliche Diskussionen über die große Konzeption des überkommenen geographischen Weltbildes einzulassen. Aber diese, allein auf ihre Nützlichkeit gerichtete Arbeit der pragmatischen Kartographen mußte in dem Augenblick mit dem alten Weltbilde in Widerspruch geraten, wo sie über den Mittelmeerraum hinaus dem Ganzen des Erdballs sich zuwandte. Doch dazu kam es erst, als es seetüchtige Schiffe gab, mit denen man sich auf den Ozean hinauswagen konnte, und die auf eine verläßliche Ortsbestimmung

CARTOGRAPHY AS A PROFESSION

The breakthrough came from the Mediterranean area. In the 13th century the harbour towns of Valencia and Barcelona and the island of Majorca fell to the Aragonian Federation. A lively mercantile trade developed and extended to Syria, Egypt and Morocco – deep into the Arabic sphere of influence.

Cartography received a new impulse; it was now required not merely to propagate the Christian global concept, it was required to produce functional navigational charts which would show ships' captains how to cross the world's seas.

The centre of this new cartography was the town of Palma on Majorca. Here were gathered all the various reports of the extent and limits of the known oceans which were at once interpreted into a continually improved series of nautical charts.

One hundred years after the attainment of the magnetization of steel in England in 1200 A.D., a practical compass had been developed. With the aid of this compass ships were able to stop hugging the coasts and to steer directly to their destinations over the open sea.

Charts were very saleable commodities and cartographers were able to live from the remuneration of these sales.

This was the point of transition of the production of maps from the hands of philosophers, historians and theologians into the hands of professional cartographers. Apart from Palma, the cities of Genoa and Venice developed into centres of chart production and rapidly reached a "golden age".

These cartographers turned their attention (in response to their customers' demands) to the positional fidelity of their representations of the oceans. As far as the land masses were concerned, they adopted without question the traditional cartography with its errors and omissions.

Constant corrections were however carried out to the coastlines and the outlines of the continents were much improved, thus raising the level of the fidelity of the maps.

At the same time the cartographers managed to avoid becoming involved in any discussions over the underlying concept of traditional geography and its propagated view of the world.

It was of course inevitable that this pragmatic,

Karte 21: Der Araber Ibn Said zeichnete seine Erdkarten um 1270 n. in alter, runder Manier. Damit hatte sich die konventionelle, religiöse Auffassung von der Erde als runder Scheibe auch in der arabischen Welt teilweise wieder durchgesetzt. Doch blieben die arabischen Karten, insbesondere durch die gleichmäßige Verteilung von Landmasse und Meer, klarer und anschaulicher.

Map 21: About 1270 the Arab Ibn Said drew his global maps in the old circular manner. With them the conventional religious conception of the earth as a disc had again partially found acceptance also in the Arab world. Nevertheless the Arab maps continued to be more distinct and vivid, especially through an even distribution of land mass and the sea.

für die Navigation nach dem Kompaß angewiesen waren.

purely functional geography, would come into conflict with the traditional world concept as soon as it began to modify areas outside the Mediterranean area in distant parts of the globe. This could only occur when people could build genuinely seaworthy ships capable of carrying them across the major oceans and could determine their position reliably by use of the compass.

DAS ZEITALTER DES KOLONIALISMUS ZIEHT HERAUF

Im Jahre 1416 gründete der portugiesische Prinz Heinrich an der äußersten Südwestküste der iberischen Halbinsel die Hafenstadt Sagres. Als zweiter Sohn König Johannes des Großen von Portugal war er früh Statthalter der nordafrikanischen Hafenstadt Ceuta geworden, der ersten afrikanischen Kolonie des christlichen Europa. Dort erhielt er durch arabische Kaufleute Kunde aus den Ursprungsländern von Elfenbein, Gold und Sklaven. In ihm reifte der Plan, diese Gebiete Afrikas für Portugal zu erobern. In Sagres siedelte er die besten Geographen, Kartographen und Astronomen an, die er im christlichen Europa, im arabischen Spanien und in Nordafrika finden konnte. Vierzig Jahre lang hat er in dieser Gelehrtenstadt seine Pläne zur Eroberung und Ausbeutung überseeischer Gebiete sorgfältig vorbereitet und schließlich mit ihrer Ausführung begonnen. Außer Madeira und den Azoren nahmen seine Schiffe die Kapverdischen Inseln für Portugal. Vor allem aber richtete sich Heinrichs Habsucht auf Westafrika. Kap Bojador, an der afrikanischen Küste südlich der Kanarischen Inseln, galt dem damaligen Europa als Ende der Welt. Auch Heinrichs bester Kapitän, Gillanes, mochte das gefährliche Kap nicht umschiffen – nachdem er aber 1435 auf einer zweiten Fahrt 200 Kilometer darüber hinaus gesegelt war, wußte Heinrich, daß dort nicht (wie Ptolemäus meinte) nur ausgedörrte Wüsten lagen, sondern fruchtbares Land mit üppiger Vegetation. Es gab dort auch Elefanten, deren Stoßzähne man als Elfenbein verkaufen konnte, es gab Gold und es gab schwarze Menschen, die man jagen, fangen, taufen und als Sklaven verkaufen konnte. Als Großmeister des Christus-Ordens ließ er einen Teil dieser ‚Mohren' die Felder seiner Klöster bestellen. Der Papst sprach ihm die eroberten Gebiete

THE DAWN OF THE AGE OF COLONIALISM

In 1416 the Portuguese Prince Henry (later called the Navigator) founded the harbour town of Sagres on the western coast of the Iberian Peninsula. As second son of King John the Great of Portugal he had earlier been governor of the North African port of Ceuta, Christian Europe's first African colony. Whilst there he learned from Arab traders of the lands from which ivory, gold and slaves originated and he determined to conquer these lands for Portugal. In Sagres he concentrated the best cartographers, geographers and astronomers that he could find in Christian Europe, Arabic Spain and North Africa.

For forty years he carefully prepared his plans for the conquest and exploitation of overseas territories in this academic town and finally he launched it into execution. His ships soon took Madeira, the Azores and the Cape Verde Islands but West Africa was the main target of his greed. At that time Cape Bojador, on the West African coast just south of the Canary Islands, was regarded by Europeans as the end of the world. Even Henry's best captain, Gillanes, was reluctant to round the dangerous headland but in 1435 he accomplished this and sailed 200 kilometers further southwards. Henry now knew that Ptolemy was wrong in his assumption that the land to the south was only burning desert – his ships reported fruitful lands with luxuriant vegetation. These lands contained elephants whose tusks could be sold, there was gold and there were black natives who could be hunted, caught, baptised and sold as slaves. In his capacity of Grand Master of the Order of Christ he had some of these "Moors" till the fields of his monasteries. The pope awarded him these conquered lands and also the right to enslave the natives he found there.

Karte 22: Um 1290 n. entstand in Hereford (England) diese etwa zwei Quadratmeter große Weltkarte als Altarbild für die Kathedrale. Sie ist vor allem Ausdruck klösterlicher Frömmigkeit. Die Welt ist im biblischen Sinne eine runde Scheibe. Im Mittelpunkt steht das Heilige Land mit Jerusalem als Zentrum der Welt.

Map 22: About 1290 this global map, about two square meters in size, was made in Hereford (England) as an altarpiece for the cathedral. It is above all an expression of monastic piety. The world is, in the biblical tradition, a disc. In the centre is the Holy Land with Jerusalem as the centre of the world.

zu sowie das Recht zur Versklavung der Ureinwohner. Der Mensch war auch im christlichen Europa zur Handelsware geworden.

Auf der Kartographie lastete noch das christliche Weltbild. Der französische Kardinal Pierre d'Ailly hatte 1390 in seinem Werke ‚Imago mundi‘ unter Berufung auf das 4. Buch Esra die Aufteilung der Erdoberfläche festgeschrieben: 6 Siebentel Land, 1 Siebentel Wasser. Da war kein Platz für große Weltmeere auf der Erde, die noch immer als flache runde Scheibe vorgestellt und dargestellt wurde.

Aber mit der Eroberung der Stadt Konstantinopel durch die Türken (1453) trat ein Wandel ein: Die aus

Man had become an object of trade in Christian Europe too.

The Christian concept of the world still maintained its grip on cartography. In 1390 the French Cardinal Pierre d'Ailly wrote a book, "Imago Mundi", in which he reiterated that the surface of the earth was divided into six parts land and one of water, as was stated in the Fourth Book of Ezra. There was thus no room for great oceans on the world which was still regarded and represented as a flat, round disc.

A change came at last with the capture of Constantinople by the Turks in 1453: those scholars who fled from the city had maintained the antique concept of

Karte 23: Der englische Historiker Ranulf Higden zeichnete 1350 n. diese Erdkarte als Illustration zu seiner Weltgeschichte. Als Benediktinermönch stellte er Jerusalem in den Mittelpunkt der Karte, die außer der Arche Noah auch den Turmbau zu Babel und das Paradies zeigt.

Map 23: The English historian Ranulf Higden drew this global map as an illustration for his world history in 1350. Being a Benedictine monk he placed Jerusalem in the centre of his map, which besides Noah's ark shows also the building of the Tower of Babel and Paradise.

der Stadt geflüchteten Gelehrten, die hier über ein Jahrtausend als Erben Roms das antike Weltbild bewahrt hatten, brachten die geographischen Vorstellungen des Ptolemäus in die großen Städte Europas, und die Türken schufen in Konstantinopel eine Weltkarte nach den Werken des Ptolemäus, die sie dort vorfanden. Und sie verbreiteten diese Erdkarte in arabischer und griechischer Sprache. So wurden in der 2. Hälfte des 15. Jahrhunderts die schlimmsten Fehler des mittelalterlichen Weltbildes korrigiert: Das Wissen um die Kugelgestalt der Erde verbreitete sich wieder, und mit Ptolemäus gab man dem Meere wieder ein Drittel der Erdoberfläche.

the world for over one thousand years as the heirs of Rome and they now carried Ptolemy's teachings into the great European cities.

In Constantinople the Turks produced a global map, based on Ptolemy's works and issued this map in Arabic and Greek.

Thus in the latter half of the 15th century the worst errors of the medieval global concept had been corrected. The knowledge of the spherical shape of the globe was spread again and, as with Ptolemy, one third of the earth's surface was allotted to the oceans.

Karte 24: Die „Genuesische Weltkarte" aus dem Jahre 1457 n. öffnete das enge *christliche* Weltbild in mehrfacher Hinsicht: Der Indische Ozean ist ein offenes Weltmeer; Afrika hat eine große, wenn auch noch begrenzte Südausdehnung; Asien läßt die Reiche der inzwischen nach Europa vorgedrungenen Mongolen ahnen; das Gangesdelta, Ceylon, Java, Sumatra, Borneo und die Molukken sind eingetragen.

Map 24: The 'Genovese World Map' of 1457 opened the narrow Christian picture of the world in several respects: The Indian Ocean is an open sea; Africa has a large, though still limited, extension to the south; Asia foreshadows the realms of the Mongols who had in the meantime advanced towards Europe; the Ganges delta, Ceylon, Java, Borneo, Sumatra, and the Moluccas are included.

Karte 25: Der italienische Mönch Fra Mauro schuf in einem Kloster auf der Insel Murano bei Venedig im Jahre 1459 n. diese Weltkarte, die zum Höhepunkt der christlichen Kartographie wurde und zugleich deren Überwindung ins Werk setzte. In der Form noch rund, gab sie durch ihren Durchmesser von zwei Metern die Möglichkeit, alle bekannten geographischen Orte zu verzeichnen. Um Asiens wirkliche Größe ahnen zu lassen, wagte er es, Jerusalem ein wenig aus der Mitte der Welt zu rücken. Vor allem aber stellte er zuerst Afrika als rings von Meer umgeben dar und ermutigte damit die Seefahrer, die Südspitze Afrikas zu umschiffen.

Map 25: The Italian monk Fra Mauro, in a monastery on the Isle of Murano near Venice, in 1459 made this global map which became the climax of Christian cartography, and at the same time brought about its defeat. Its diameter of two metres made it possible to list all known geographical places. To get an idea of Asia's real size he dared to shift Jerusalem a little from the centre of the world. But above all he was the first to represent Africa as surrounded by the sea and with that he encouraged seafarers to round the southern tip of Africa.

DER SEEWEG NACH INDIEN

Die letzte Karte mit dem engen Weltbilde des christlichen Mittelalters und damit die letzte runde Erdkarte von Bedeutung schuf 1459 Fra Mauro. Dieser italienische Mönch bemühte sich auf seiner fast 2 Meter großen Weltkarte – ungeachtet seiner christlichen Konzeption – um Genauigkeit. Er wagte es sogar, Jerusalem ein wenig aus dem Mittelpunkt der Welt zu rücken. Und er stellte den Süden an den Kopf seiner Karte, wie es bei den Arabern üblich war, während die christlichen Karten, die das Paradies im Osten abbildeten, stets den Osten nach oben gestellt

THE SEA ROUTE TO INDIA

The last circular, medieval global map of any significance which reinforced the Christian concept of the world was drawn by Fra Mauro in 1459. This Italian monk was primarily concerned with accuracy at the expense of the Christian global ideology on his map, which was almost two meters across. He even dared to move Jerusalem a little from the centre-point of the map, and he put the southern lands at the top (an Arabic custom) whereas the Christians traditionally put the eastern lands at the top as they imagined Paradise to be located there.

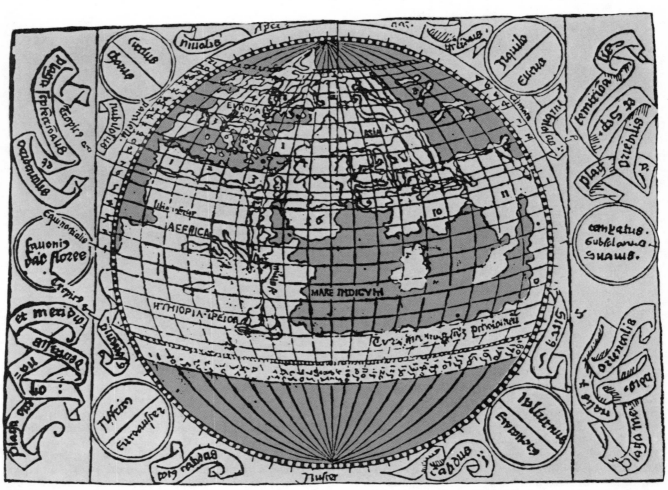

Karte 26: Um das Jahr 1487 n., als Diaz auf dem Wege zur Südspitze Afrikas war, erschien in Nürnberg noch diese Weltkarte, die auf dem seit Ptolemäus unausrottbar fortgeschriebenen Irrtum beharrte, die Südspitze Afrikas sei am östlichen Ende der Welt mit Asien verbunden, der Indische Ozean also ein Binnenmeer.

Map 26: About 1487, when Diaz was on his way to the southern tip of South Africa, there appeared at Nuremberg this global map. It still insisted on the error, ineradicably continued since Ptolemy, that the southern tip of Africa was connected with Asia at the eastern end of the world and that, consequently, the Indian Ocean was an inland sea.

hatten. Entscheidend war, daß seine Karte nach arabischem Vorbild ein im Süden von Meer umflossenes Afrika zeigte und damit den Seeweg nach Indien durch die Möglichkeit einer Umschiffung Südafrikas offenließ. Damit ging Fra Mauro über Ptolemäus hinaus, der Südafrika mit Südostasien verbunden hatte, wodurch der Vorstoß nach Südafrika nur ins Nichts führen konnte, ans Ende der Welt. Es vergingen nur noch 27 Jahre, bis der Portugiese Diaz das Kap der Guten Hoffnung umsegelte und damit den europäischen Eroberern den Seeweg nach Indien wies. Die Kartographie verlor in diesen Jahrzehnten ihre mittelalterliche Enge und baute am neuen Weltbilde mit, das aus den sich überstürzenden Nachrichten der Eroberungsfahrten erwuchs. Nicht weniger wichtig

The decisive difference was that he showed the southern tip of Africa completely surrounded with sea – another Arabic custom – which thus left open the possibility of a sea route to India by means of circumnavigation of this land mass. In this respect Fra Mauro improved on Ptolemy who had connected southern Africa with south east Asia. This connection made any foray into southern Africa a sure way to the End of the World – into nothingness.

As events proved, it was to be only 27 more years before the Portuguese Diaz sailed round the Cape of Good Hope and thus showed the European conquerors that the sea route to India indeed existed. In these decades cartography threw off its medieval blinkers and began to work actively to enrich the new global

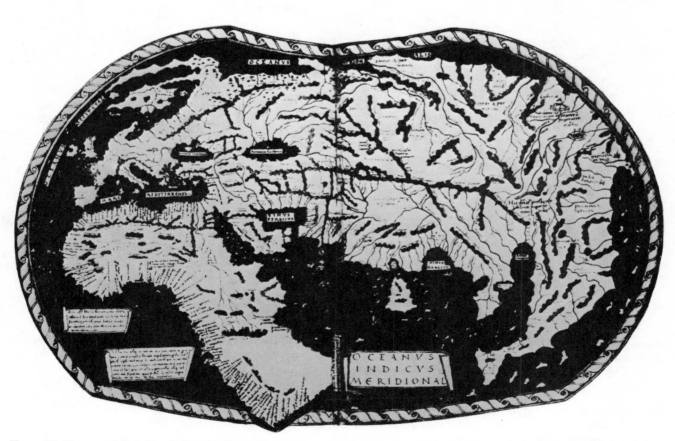

Karte 27: Kurz nachdem Bartholomäus Diaz die Südspitze Afrikas umschifft hatte, schuf der deutsche Kartograph Martellus um 1490 in Rom diese umwälzend neue Erdkarte: Afrika war endgültig zu einem im Süden von Meer umgebenen Kontinent geworden, der Seeweg nach Indien und zu den Gewürzinseln Asiens lag offen vor den europäischen Seefahrern.

Map 27: Shortly after Bartholemy Diaz had rounded the southern tip of Africa the German cartographer Martellus produced in Rome in 1490 this revolutionary map of the globe: Africa had finally become a continent surrounded on the south by the sea; the sea route to India and to the Moluccas was open to European seafarers.

Karte 28: Unberührt von den Ergebnissen der europäischen Eroberungsfahrten und den neuen, das alte Weltbild umstürzenden Erdkarten lebte die christliche Kartographie fort. Diese um 1490 n. in Nürnberg von Hans Rüst in Holz geschnittene und im Druck vervielfältigte Weltkarte zeigt wieder das Paradies, und im Mittelpunkt einer als flache, runde Scheibe vorgestellten Erde steht wieder das Heilige Land mit Jerusalem.

Map 28: Untouched by the results of the European voyages of conquest and the new global maps which overthrew the old image of the world, Christian cartography survived. This global map, engraved in wood about 1490 and disseminated in print by Hans Rüst at Nuremberg, again shows Paradise, and at the centre of the earth (conceived as a flat disc) the Holy Land with Jerusalem.

als die schnell wachsende Genauigkeit der Seekarten war für die Seefahrer die Verbesserung der Ortsbestimmung. Hierzu schuf Johannes Müller aus Königsberg (der sich ‚Regiomontanus' nannte) astronomische Tabellen, die durch den neu aufgekommenen Buchdruck bald in großer Zahl hergestellt wurden. Mit ihrer Hilfe konnten die Seefahrer unter Verwendung des von ihm verbesserten Jakobsstabes die Bestimmung des eigenen Standortes auch auf offener See sicher durchführen.

DAS KÜHNE UNTERNEHMEN DES KOLUMBUS

Sieben Jahre bevor Vasco da Gama den weiten Seeweg nach Indien über Südafrika fand und die reichen Hafenstädte am Indischen Ozean portugiesischer Herrschaft zu unterwerfen begann, hatte Kolumbus für Spanien schon den Weg westwärts um die Erde nach Indien gesucht, der nach den falschen Berechnungen des Erdumfanges durch Ptolemäus kürzer sein mußte als der Weg über Südafrika. Dabei hatte er einen neuen Kontinent gefunden.

Das Weltbild des Entdeckers von Amerika läßt uns die Enge des damaligen Denkens ahnen: Kolumbus glaubte als frommer Christ nicht an die Kugelgestalt der Erde, die nach seiner Meinung die Gestalt einer Birne oder einer weiblichen Brust haben mußte. Von seiner ersten Amerikareise zurückgekehrt, berichtete er, das Paradies gesehen zu haben, was deshalb allgemeines Erstaunen hervorrief, weil auf allen mittelalterlichen Erdkarten das Paradies im Osten der Welt eingezeichnet war. Und er glaubte bis zu seinem Tode, den direkten Seeweg nach Indien entdeckt zu haben, und keineswegs, wie andere zunehmend annahmen, einen neuen Kontinent.

Im Jahre 1500 zeichnete aber schon Juan Cosas, der Kolumbus auf seinen beiden ersten Reisen begleitet hatte, und der sich auch als Kartograph betätigte, eine Erdkarte, auf der die von Kolumbus entdeckten Länder als eigenes Gebiet westlich von Europa verzeichnet waren und die Frage ihrer Zugehörigkeit zu Asien offenblieb.

concept which expanded in ever increasing tempo as the reports of the numerous voyages of discovery (and conquest) tumbled in.

No less vital than the rapidly increasing accuracy of these charts for their customers (the seafarers) was the improvement in aids towards orientation. To assist in this aspect of navigation, Johannes Müller of Königsberg (writing under the pseudonym of 'Regiomontanus') produced astronomic tables which were reproduced in great numbers by use of the newly discovered printing techniques. By use of these tables in conjunction with an improved version of the Jacob's Staff, sailors were able to determine their positions even when out of sight of land.

COLUMBUS' BOLD VENTURE

Seven years before Vasco da Gama discovered the long sea route to India via South Africa and began to bring the rich Indian harbour cities under Portuguese sovereignty, Columbus had tried to circumnavigate the globe to India to the west for Spain. According to Ptolemy's erroneous calculation, it seemed that this western route should have been the shorter of the two.

By attempting this, Columbus discovered a new continent and his reaction to this discovery affords us an insight into the narrowness of contemporary thought. As a pious Christian Columbus did not believe in the spherical shape of the earth which he thought should have been pear-shaped or have the shape of a female breast. On his return from this first American journey Columbus reported that he had seen Paradise. This caused great astonishment because on all medieval maps Paradise was shown in the east. Until his death he remained convinced that he had discovered the direct sea route to India and not a new continent as increasing numbers of his fellow Europeans began to realize.

In 1500 A.D. Juan Cosas, who had accompanied Columbus on his first two voyages and who was also a cartographer, drew a global map showing the territories which he had discovered as an independent land mass west of Europe thus leaving open the question of their Asian adherence.

Karte 29: Im Jahre der Entdeckung Amerikas (1492 n.) vollendete in Nürnberg Martin Behaim seinen „Erdapfel", eine aus Holz, Papier und Gips angefertigte Kugel von 54 Zentimeter Durchmesser. Diese plastische Gestaltung seiner wohlbegründeten Vorstellung von der Erdkugel war eine wahrhaft revolutionäre Tat für das Weltbild des Menschen. Obwohl die Kugelgestalt der Erde erst 30 Jahre später durch die erste Weltumseglung endgültig bewiesen wurde, brachte Behaims Globus den entscheidenden Durchbruch zum geographischen Weltbild der Neuzeit.

Map 29: In the year of the discovery of America (1492) Martin Behaim of Nuremberg completed his 'earth apple', a ball made of wood, paper, and gypsum, with a diameter of fifty-four centimeters. This plastic realization of his well founded conception of the earth as a ball was a really revolutionary act for man's image of the world. Though the spherical form of the earth was definitely proved only thirty years later by the first circumnavigation of the earth, Behaim's globe was the decisive breakthrough towards the modern geographical image of the world.

DER GLOBUS DES MARTIN BEHAIM

Für den Durchbruch des neuen Weltbildes war das Werk des Nürnberger Seefahrers und Kaufmannes Martin Behaim vielleicht wichtiger als die Entdeckungen des Kolumbus: Behaim baute nach Entdeckungsfahrten an den Küsten Afrikas einen Globus. Durch dieses wirklichkeitsgetreue Abbild der Erdkugel erhielt das Weltbild des christlichen Jahrtausends den Todesstoß. Trotz aller Mängel seiner aus Holzreifen, Papiermasse und Gips zusammengeleimten Miniaturerde von 54 cm Durchmesser wurde sein kühner Entwurf zum Symbol des neuen nachristlichen Weltbildes, wie es vor 500 Jahren sich in Europa durchsetzte.

Doch es dauerte noch ein halbes Jahrhundert, ehe das neue Weltbild seine kartographische Ausprägung erhielt. In diesen 50 Jahren war ganz Amerika entdeckt, Neufundland, Labrador und das Nordkap, die Philippinen, Korea und Japan, der Stille Ozean und der Seeweg nach China gefunden. Die Erde war umsegelt, ihre Kugelgestalt bewiesen, ihre tatsächliche Größe erahnt. Waren seit Beginn der Geschichte bis an die Schwelle der Neuzeit nur gut 10% der Erdoberfläche den Kartographen bekannt gewesen, so waren es nun 50%. Und die Kartographen der beginnenden Neuzeit suchten das neue Weltbild zur Darstellung zu bringen. Mit der Vorstellung von der Erde als einer runden Scheibe war die kreisrunde Erdkarte endgültig tot. Die Weltkarten wurden oval (Benedetto Bordone, Sebastian Münster), herzförmig (Peter Apian, Finaeus) und schließlich rechteckig (Waldseemüller, Lopo Homem).

Aber die Kartographie konnte sich auch nach Abschüttelung der kirchlichen Regeln nicht frei entfalten. Wirtschaftliche Interessen waren an die Stelle der religiösen Unduldsamkeit getreten. Vor allem war es der Konkurrenzkampf zwischen Portugal und Spanien um die Vormacht über die außereuropäische Welt, der den Kartographen erhebliche Beschränkungen auferlegte. Die Seefahrer durften ihre Beobachtungen nur an die Kartographen des eigenen Landes weitergeben, und die von ihnen verbesserten Karten durften nur den eigenen Seefahrern geliefert werden. Diese Geheimhaltung erschwerte die Arbeit. Und wenn doch einmal neue Erkenntnisse in den Karten veröffentlicht wurden, versuchte man, durch Einfügung falscher Angaben die Konkurrenten im

THE GLOBE OF MARTIN BEHAIM

The breakthrough of the new global concept was aided perhaps more by the work of the Nuremberg sailor and merchant, Martin Behaim, than by the discoveries of Columbus.

Following voyages of discovery along the African coast, Behaim made a globe which was so close to the truth that the medieval Christian world concept received its death blow.

Despite all the inadequacies of this 54 cm diameter model of the earth made of wooden rings, papiermaché and plaster, this bold design became the symbol of the new post-Christian global concept, a concept which was at last accepted 500 years ago.

It required a further fifty years, however, before this new concept found cartographical expression. During this time all of the American continent had been discovered including Newfoundland, Labrador and the North Cape. The Philippines, Korea and Japan, the Pacific Ocean and the sea route to China had also been discovered.

The spherical shape of the globe had been proved, its real size established. Whereas from the beginning of history to the threshold of modern times only 10% of the earth's surface had been known to cartographers, it was now 50%. The cartographers of this new age sought now to express this new global concept.

With the demise of the flat earth concept, the circular global map had also died; the new global maps were oval (Benedetto Bordone, Sebastian Münster), heart shaped (Peter Apian, Finaeus) and finally rectangular (Waldseemüller, Lopo Homem).

Despite shaking off the stifling influence of the church however, cartography was not to be permitted to develop freely. It was now commercial fears which took the place of religious intolerance, and above all the contest between Spain and Portugal for control of the non-European world which forced such stringent limitations on the map makers' work. Explorers were forbidden to pass on their newly acquired geographical knowledge to any cartographers but those of their own nation, and these in turn were forbidden to deliver their improved maps to any sailors except those of their own country. This high degree of secrecy considerably complicated the work, and when any new charts were openly published, the cartographers sought to confuse foreign competition in the colonial

Ringen um die koloniale Eroberung der Welt irrezuführen. Dies alles war besonders hinderlich bei der entscheidenden Frage, ob die von Kolumbus entdeckten Länder als vierter Kontinent anzusehen seien oder, wie Kolumbus meinte, nur als die östlichste Halbinsel Asiens, die man durch eine Fahrt in westlicher Richtung schneller erreichen konnte als auf dem Umweg über Südafrika.

race by the inclusion of false data.

The facts made the clarification of the true nature of those lands discovered by Columbus all the more difficult; were they really a fourth continent or, as Columbus believed, only an eastern peninsula of Asia which could thus be reached more rapidly by sailing westwards than by circumnavigating the Cape of Good Hope?

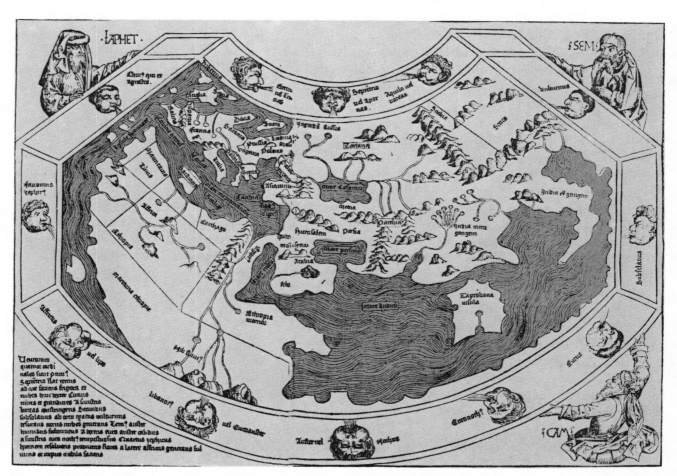

Karte 30: Im Jahre 1493 n. erscheint in Behaims Heimatstadt Nürnberg die Weltchronik des Arztes Hartmann Schedel, deren Erdkarte in Inhalt und Gestaltung noch ganz Ausdruck des überholten christlichen Weltbildes ist: Der Indische Ozean ist Binnenmeer, Jerusalem liegt im Mittelpunkt der Welt.

Map 30: In 1493 there appeared at Nuremberg, Behaim's birthplace, the world chronicle of the physician Hartmann Schedel whose attached global map is still, in content and form, a perfect expression of the outdated Christian image of the world: The Indian Ocean is an inland sea, Jerusalem is placed at the centre of the world.

DAS ENDE DES CHRISTLICHEN WELTBILDES

Im Todesjahr des Kolumbus erschien die Weltkarte des Italieners Giovanni Matteo Contarini mit
der revolutionären Konzeption eines vierten Kontinents. Ein Jahr später vollendete Martin Waldseemüller seine Erdkarte, auf der er diesen neuen Kontinent nach dem italienischen Seefahrer Amerigo Vespucci ‚Amerika‘ nannte. Obwohl er unter den er-
drückenden ‚Beweisen‘ der Kartographen sich bald
selbst von dieser Kühnheit distanzierte und in seinen
folgenden Karten das neue Land wieder brav als
‚Asien‘ bezeichnete, setzte sich nach seinem Tode der

THE END OF THE CHRISTIAN CONCEPT OF THE WORLD

In the year of Columbus' death there appeared the
Italian Giovanni Matteo Contarini's global map
containing the then revolutionary idea of a fourth
continent.

One year later Martin Waldseemüller completed
his global map on which he christened this new
continent 'America' after the Italian explorer Amerigo
Vespucci.

He was rapidly forced to retract this idea by the
overwhelming criticism levelled at him by other cartographers and produced subsequent maps obedi-

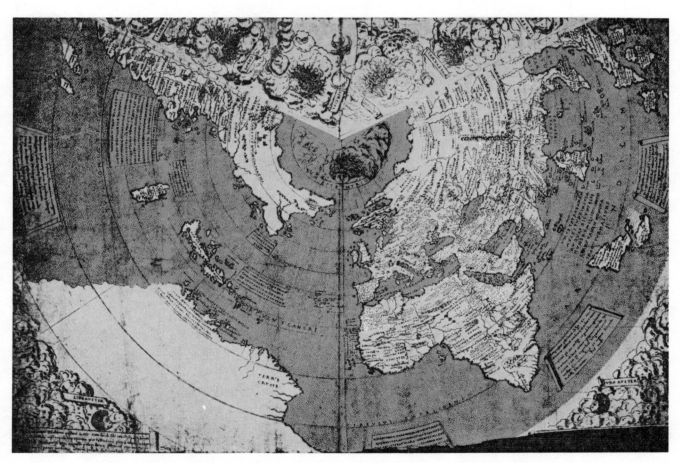

Karte 31: Das Denken der Kartographen orientierte sich
zunehmend am Globusbild. Die erste gedruckte Weltkarte,
auf der die von Kolumbus entdeckten Länder eingezeichnet
sind, ist diese im Jahre 1506 n. vollendete Karte des Giovanni Matteo Contarini. Dieser italienische Kartograph hat
durch kreisrunde Breitenkreise versucht, die Kugelgestalt
der Erde zweidimensional zur Anschauung zu bringen.

Map 31: The way of thinking of cartographers was more and
more determined by the picture of the globe. The first
printed global map on which the countries discovered by
Columbus are drawn is this map, completed in 1506 by
Giovanni Matteo Contarini. This Italian cartographer has
tried by means of circular parallels to express the spherical
form of the earth in a two-dimensional form.

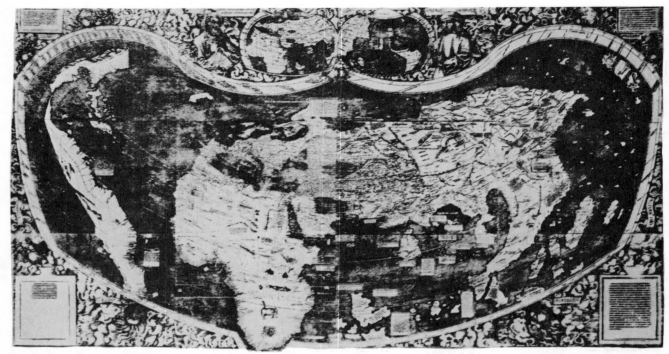

Karten 32 und 33: Der deutsche Kartograph Martin Waldseemüller brachte 1507 n. zuerst die von Kolumbus entdeckten Länder als eigenen Kontinent zur Darstellung. Da
er diese Entdeckung aber irrtümlich Amerigo Vespucci zu-
schrieb, nannte er den neuen Kontinent „Amerika", sowohl
auf seiner Erdkarte (Karte 32) wie auf dem von ihm im
gleichen Jahre gezeichneten Globus (Karte 33).

Maps 32 and 33: The German cartographer Martin Waldseemüller was, in 1507, the first to represent the land area
discovered by Columbus as a continent in its own right. But
since he erroneously ascribed this discovery to Amerigo
Vespucci he called the new continent 'America' on his
global map (32) as well as on the globe drawn by him in the
same year (33).

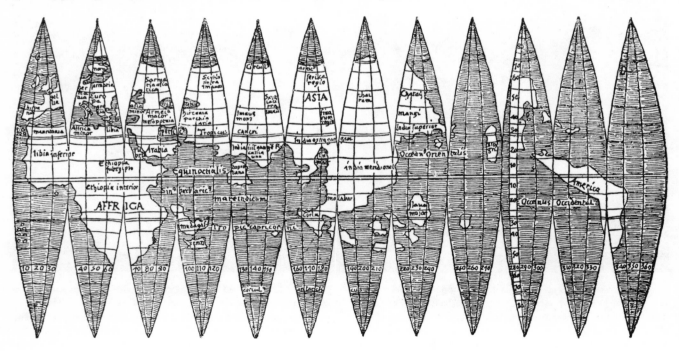

Name ‚Amerika‘ und damit die Konzeption von vier Kontinenten endgültig durch, wenngleich bis in die sechziger Jahre des 16. Jahrhunderts Amerika und Asien im Norden auf den Karten noch als zusammenhängend gezeichnet wurden. Mit der Entdeckung des Pazifischen Ozeans war schließlich auch das letzte christliche Fundament des geographischen Weltbildes zerstört: Die biblische Mär, daß Wasser und Land an einem ‚getrennten Orte‘ sich befänden. Mit dem Wissen um den Charakter Amerikas und einer Ahnung von der Größe des Pazifischen Ozeans war das neue Weltbild in seinen Grundzügen geprägt. Die Menschen hatten die Erde richtig in den Blick genommen, nun mußte sie kartographisch zur Anschauung gebracht werden.

ently showing the new land as 'Asia'. Following Waldseemüller's death however, the name 'America' (and thus the concept of a fourth continent) began to reappear on newly-drawn maps even though America and Asia were shown conjoined at the tops of maps drawn up until 1560.

The discovery of the Pacific Ocean finally wiped out the last remnants of the Christian world concept: the biblical story that Land and Water were to be found in 'separate places'.

The knowledge of the character of America, together with an intimation of the size of the Pacific Ocean, formed the basis of the new global concept. The world had finally been placed in its correct perspective; cartography's task was now to give expression to this idea.

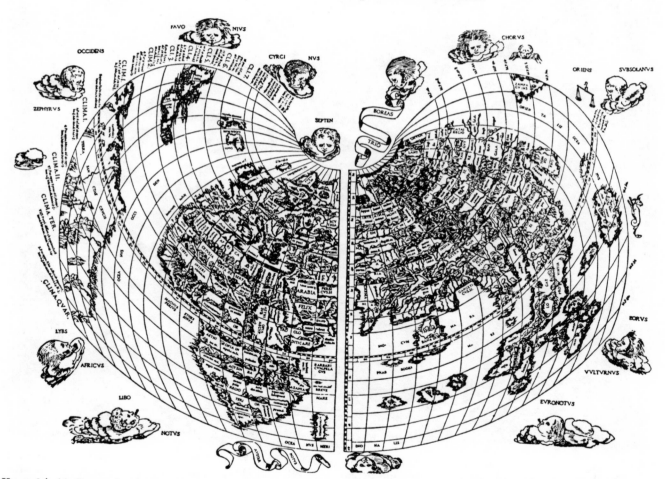

Karte 34: Als Bernardus Sylvanus 1511 n. in Venedig seine Erdkarte zeichnete, war die Auffassung von der Kugelgestalt der Erde bereits weit verbreitet. Seine Projektion sollte wie eine perspektivische Ansicht der Erdkugel wirken. Er ließ seine Karte in zwei Farben drucken.

Map 34: When, in 1511, Bernardus Sylvanus in Venice drew his global map the conception of the earth as a spherical body was already widespread. His projection was intended to give the impression of a perspective view of the globe. He had his map printed in two colours.

DIE ERDKARTE DER NEUZEIT ENTSTEHT

Damit rückte die Frage der Projektion in den Mittelpunkt des Interesses. Und es lag nahe, daß man zu den Karten-Konstruktionen derjenigen zurückfand, die in einer kurzen Zwischenepoche von 400 Jahren nach dem Beweis der Kugelgestalt der Erde durch Eratosthenes (228 v) über die sinnvollste Darstellung der kugelförmigen Erde auf der Ebene nachgedacht hatten. Und so knüpfte der bedeutendste Kartograph

THE MODERN GLOBAL MAP IS BORN

The question of projection now came to the fore. It soon became evident that the most appropriate method was that used for a brief period of 400 years when Eratosthenes (in 228 B.C.) had proved the spherical shape of the globe and had developed a method of showing the features of this sphere on a flat surface.

The leading cartographer of modern history, Mer-

Karte 35: Hieronymus Marini zeichnete 1512 n. in Venedig diese Weltkarte, die die christliche Überlieferung in das gewandelte Weltbild hinüberretten sollte. Alle bekannten Entdeckungen sind berücksichtigt, der Name „Brasilien" erscheint erstmals auf einer Erdkarte. Aber der Zusammenhang zwischen Amerika und Asien ist noch unklar, und Jerusalem bleibt beherrschend im Mittelpunkt der Welt.

Map 35: Hieronymus Marini drew this global map (Venice, 1512) with the intention of keeping alive the Christian tradition in a changed view of the world. All known discoveries are taken into consideration, and the name 'Brazil' appears for the first time on a map. But the connection between America and Asia remains indistinct, and Jerusalem is still dominant in the centre of the world.

der heraufziehenden Neuzeit, Mercator, unmittelbar an das Kartennetz des Marinos von Tyros an, der 113 n sein rechtwinkelig sich schneidendes Gradnetz mit 360 gleichabständigen Meridianen entwickelt hatte. Mercator hielt mit diesem rechtschnittigen Netz, an der viereckigen Kartenform des Eratosthenes und Marinos fest, nahm aber eine wesentliche Korrektur vor: Er veränderte den gleichbleibenden Abstand zwischen den Breitenkreisen. Vom Äquator ausgehend, vergrößerte er diesen Abstand zu den Polen hin immer mehr.

Mercator hatte schon 1541 einen Globus mit Li-

cator, thus took up the regular, rectangular grid system with its 360 equally spaced meridians originally produced by Marinos of Tyre in the year 113 A.D. By so doing, he retained the rectangular map form which Eratosthenes and Marinos had first used but he incorporated an important improvement: instead of having the parallels of latitude equally spaced, he increased their intervals as they approached the Poles.

In 1541 Mercator had produced a global grid system (the "Loxodrome") which enabled sailors to set their courses more easily. This Loxodrome had been described by Petro Nunez some years previously

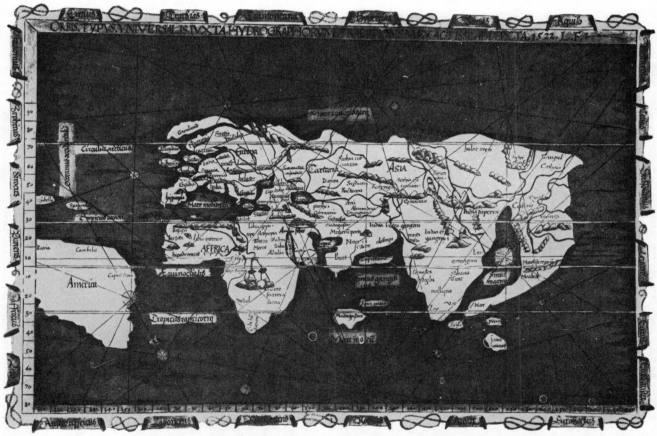

Karte 36: 1522 n. kehrte ein Schiff aus Magellans Flotte von der ersten Weltumseglung nach Sevilla zurück. Im gleichen Jahre vollendete der deutsche Kartograph, Astronom und Arzt Laurent Fries seine Weltkarte, die mit 360 Meridianen das ganze Rund der Erde zur Darstellung bringt, und die ein rechtwinkliges Kartennetz hat. Zum ersten Male ist hier die Landmasse der Erdoberfläche viel kleiner als der vom Meer bedeckte Teil, so, wie es der Wirklichkeit entspricht.

Map 36: In 1522 a ship of Magellan's fleet returned to Seville after the first circumnavigation of the world. In the same year the German cartographer, astronomer and physician, Laurent Fries, completed his world map which with 360 meridians represents the whole round of the earth and has a rectangular grid. For the first time the land mass of the earth's surface is much smaller than the part covered by the sea, just as it is in reality.

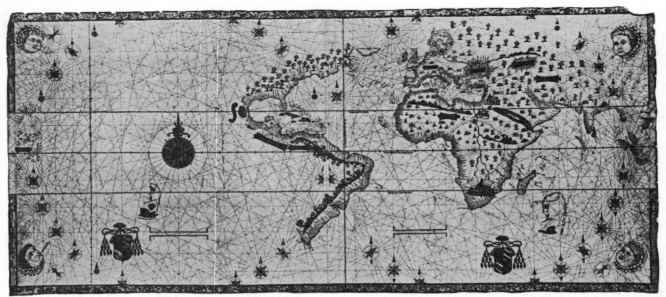

Karte 37: Der portugiesische Kartograph Diego Ribero, mit dem sich Magellan vor seiner Erdumseglung beraten hatte, zeichnete nach den Berichten der zurückgekehrten 13 Überlebenden von Magellans 250 Mann Besatzung im Jahre 1527 n. diese Erdkarte. Zum ersten Male kommt hier die Weite des Pazifik zur Anschauung. Die Karte stellt das Reich des deutschen Kaisers Karl V. dar, das erste Weltreich der Geschichte, das sich über einen so großen Teil der Erdkugel erstreckte, daß „die Sonne darin nicht unterging".

Map 37: The Portuguese cartographer Diego Ribero, with whom Magellan had taken counsel before his circumnavigation of the world, drew this map in 1527, based on the reports of the thirteen survivors of Magellan's crew of 250. For the first time the expanse of the Pacific Ocean is represented. The map represents the realm of the German Emperor Charles V, the first empire in history to cover so large a part of the globe that 'the sun never set on it'.

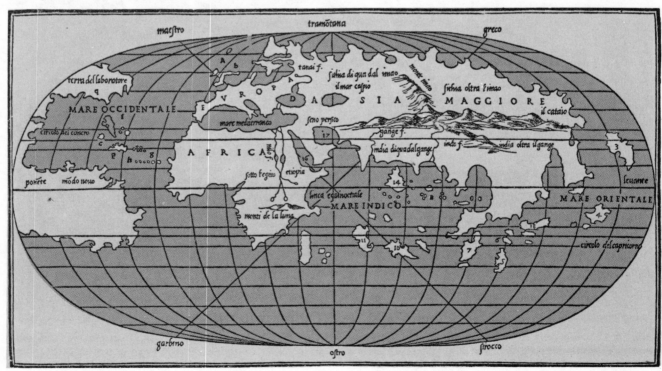

Karte 38: Der italienische Kartograph Benedetto Bordone schuf 1528 n. in Venedig diese Erdkarte, indem er ein Oval zeichnete, das doppelt so breit wie hoch war. So wollte er die Vorderseite wie die Rückseite der Erdkugel auf einem geschlossenen Kartenbilde darstellen.

Map 38: The Italian cartographer Benedetto Bordone made this global map in 1528 in Venice by drawing an oval twice as wide as high. Thus he wanted to show the front as well as the back of the globe in a closed cartographic representation.

nien versehen, die es dem Seefahrer ermöglichten, seinen Kurs leichter zu finden. Diese Hilfslinien („Loxodrome‘), die einige Jahre vorher Petro Nunez beschrieben hatte, waren so beschaffen, daß ein danach über die Meere auf geradem Kurs fahrendes Schiff alle Meridiane im gleichen Winkel schnitt. Diese für die Navigation nützlichen ‚Loxodrome‘ vom Globus auf die Kartenebene so zu übertragen, daß sie gerade Linien blieben, erreichte Mercator durch seine Projektion der ‚wachsenden Breiten‘, deren Prinzip schon in seinem Geburtsjahr von dem Nürnberger Kartographen Etzlaub angewendet worden war. „Ich habe die Breitengrade nach beiden

and was so drawn that a ship on a straight course would cut all the meridians over which it sailed at the same angle.

Mercator managed to translate this navigationally advantageous Loxodrome from globe to chart by application of his ‘projection of increasing parallels’. This system had been used in principle in the year of Mercator's birth by the Nuremberg cartographer, Etzlaub. "I have gradually extended the degrees of latitude in the directions of both Poles in the same proportion in which the parallels of latitude increase in their relation to the equator", wrote Mercator in describing the simple but ingenious construction of his map grid system.

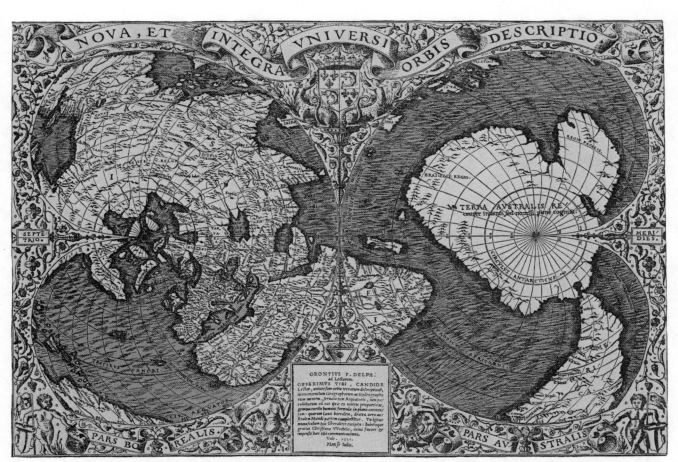

Karte 39: Orontius Finaeus, Professor der Mathematik in Paris, suchte 1531 n. Vorderseite und Rückseite der Erdkugel durch eine Doppelherzprojektion zur Anschauung zu bringen. Die strenge Symmetrie seiner Projektion veranlaßte ihn, auf der südlichen Halbkugel einen seit 1500 Jahren von Kartographen und Globusherstellern (zuerst um 45 n. von Pomponius Mela) immer wieder aus freier Phantasie dargestellten riesigen Südkontinent einzuzeichnen.

Map 39: Orontius Finaeus, professor of mathematics in Paris, tried in 1531 to represent the globe through a double-heart projection. The strict symmetry of his projection caused him to draw on the southern hemisphere a gigantic southern continent, which had been from early times (at first about 45 A.D. with Pomponius Mela) a product of the imagination, again and again used by cartographers and makers of globes.

Polen zu allmählich in demselben Verhältnis vergrößert, wie die Breitenparallelen in ihrem Verhältnis zum Äquator zunehmen", beschrieb Mercator die genial-einfache Konstruktion seines Kartennetzes.

Seine Projektion wurde in den folgenden Jahrhunderten zur Grundlage der das geographische Weltbild des Menschen prägenden Erdkarte. Noch 1966 schrieb Paschinger in seinem Grundriß der Allgemeinen Kartenkunde über die Mercator-Projektion: „Als Schulkarte hat sich der Entwurf für die verschiedensten Zwecke bis in die jüngste Zeit gehalten."

So wurde die Mercatorkarte zum klassischen Ausdruck der alten Kartographie, die bis in unsere Epoche hineinwirkt.

In the following centuries his projection became the basis of the global map which formulated man's concept of the world. Even in 1966 Paschinger wrote of Mercator's projection in his 'Basics of General Cartography': "This design has retained its validity as a school map for the most diverse purposes right into modern times".

Mercator's map became the classic expression of ancient cartography and has affected thinking even in our own epoch.

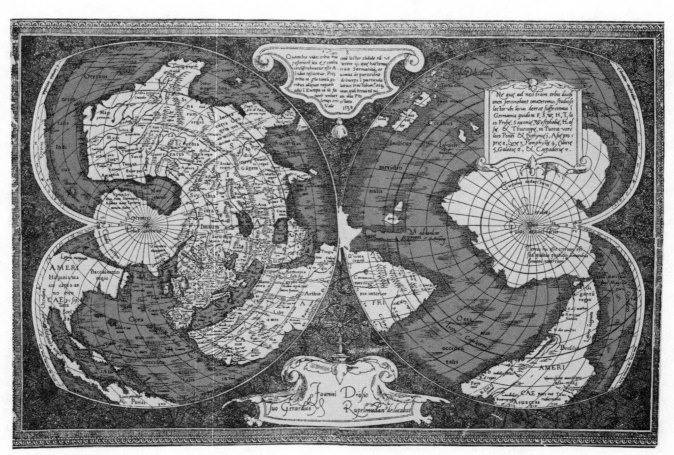

Karte 40: Ein Jahr nachdem er sich selbständig gemacht hatte, zeichnete Mercator 25jährig 1538 n. seine erste Weltkarte, wobei er die damals bekannte und bewährte Doppelherzprojektion anwandte. Die Karte wurde berühmt, weil er auf ihr erstmals Nord- und Südamerika gleichermaßen als „Amerika" bezeichnete. Damit hatte der neuentdeckte Kontinent endgültig seinen Namen erhalten.

Map 40: In 1538, a year after he had established himself, at the age of twenty-five, Mercator drew in 1538 his first global map for which he used the then known and reliable double-heart projection. The map became famous because for the first time he marked on it North and South America equally as 'America'. Thus the recently discovered continents got their final name.

Karte 41: Der deutsche Geograph und Kartograph Sebastian Münster stellte wieder die ganze Erde auf einem zusammenhängenden Blatte dar. Diese Karte veröffentlichte er 1544 in seiner großen Kosmographie, in der er versuchte, Grundgedanken seiner Bibelauslegung mit den unwiderlegbaren Erkenntnissen des neuen Weltbildes zu verbinden. Auf seiner Erdkarte ist Amerika klar von Asien getrennt, doch stellt sie einen unbekannten Südkontinent als größten Erdteil dar.

Map 41: The German geographer and cartographer Sebastian Münster again represented the whole earth on a single coherent sheet. He published this map in 1544 in his great cosmography in which he tried to reconcile the basic thinking of his biblical exegesis with the irrefutable scientific findings of the new conception of the world. On his map America is clearly divided from Asia but it represents as the largest continent a totally unknown legendary southern continent.

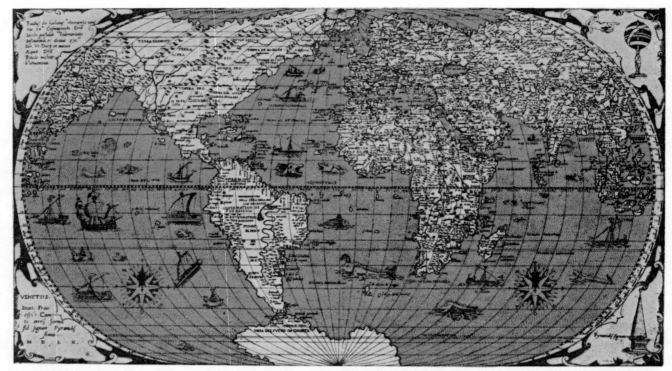

Karte 42: Der italienische Ingenieur und Kartograph Jacopo Gastaldi ließ auf seiner 1562 n. fertiggestellten Erdkarte Amerika wieder mit Asien zusammenwachsen. Dafür ist die Verteilung von Land und Meer fast wirklichkeitstreu, und der frei aus der Phantasie eingezeichnete Südkontinent entspricht in seiner Größe etwa der wirklichen Antarktis. Das gerundete Gradnetz seiner Karte erschwerte den Seefahrern die Orientierung.

Map 42: The Italian engineer and cartographer Jacopo Gastaldi completed in 1562 a global map on which America and Asia had again grown together. On the other hand the distribution of land and sea is almost true to reality and the imaginary southern continent corresponds in its extension somehow to the real Antarctis. The rounded grid of his map made orientation for seafarers more difficult.

VORZÜGE UND NACHTEILE DER MERCATORKARTE

Die Frage nach der Notwendigkeit einer neuen Kartographie muß von den Eigenschaften jener Erdkarte ausgehen, die unser geographisches Weltbild während der letzten vierhundert Jahre geprägt hat.

Ohne Zweifel stellte die Mercatorkarte im Jahre 1569 einen Fortschritt dar. Sie war Ausdruck jenes neuen Weltbildes, das durch die Überwindung des biblischen Weltbildes an der Schwelle der Neuzeit emporgewachsen war. Die durch Magellans Weltumseglung unbestreitbar gewordene Kugelgestalt der Erde fand darauf ihren Ausdruck; ihre besondere Eignung für die Navigation entsprach den Bedürfnissen der Entdeckerzeit, die zu einer Epoche europäi-

ADVANTAGES AND DISADVANTAGES OF THE MERCATOR MAP

The question as to the need for a new cartography must be viewed in relation to the properties of that global map which has dictated our geographical world concept for the last four hundred years.

In 1569 Mercator's map was doubtless an improvement. It was the expression of a new world concept which had been born through the defeat of the biblical world concept and which stood at the threshold of the modern age. The spherical nature of the globe, proved by Magellan's circumnavigation of the world, was clearly expressed in it.

Its particularly advantageous use as a navigational aid matched the needs of the Age of Discovery which

scher Weltherrschaft und weltweiter kolonialer Ausbeutung wurde.

Die Mercatorkarte stellte schon durch ihre viereckige Form die Gegenposition zu den runden Erdkarten dar, die als Ausdruck der biblischen Vorstellung von der Erde als runder Scheibe bis ins 16. Jahrhundert hinein verbreitet waren. Sie war wohlproportioniert und gab ein klares Kartenbild. Zu diesen ästhetischen Qualitäten trat ihre praktische Eignung für die Schiffahrt: Sie erlaubte eine einfache Navigation über die Meere. Vor allem aber hatte sie Qualitäten, die den ovalen und herzförmigen Karten ebenso fehlten wie runden Erdkarten: Über jedem beliebigen Punkte der Karte lag der Norden genau senkrecht, der Süden ebenso senkrecht darunter.

became an age of European world control and of worldwide colonial exploitation.

Mercator's rectangular map clearly demonstrated its dissociation from the older, round global maps which embodied the biblical concept of a round, flat earth until the early part of the 16th century. It was well proportioned and presented a clear picture. These aesthetic qualities were backed up by a practical advantage: it enabled simple oceanic navigation to be undertaken. Above all however, it had a virtue not shared by the older round, oval or heart-shaped maps: whichever point on the map one chose, North lay vertically above it and South vertically below it. This aided orientation. Additionally, all points on the globe which enjoyed the same angle of strike of the

Karte 43: Nachdem Mercator 32jährig auf Betreiben der Kirche in seiner flandrischen Heimat als Ketzer zum Tode verurteilt worden war, ließ er sich in Deutschland nieder und schuf 1569 n. in Duisburg jene Erdkarten-Projektion, die das Weltbild der Neuzeit durch vier Jahrhunderte prägte. Nach seiner Erdkarte fanden die Seefahrer leichter ihren Kurs über die Meere, und die Länder Europas standen übergroß im Mittelpunkt der Welt. Seine Karte war *achstreu* und *lagetreu*.

Map 43: After Mercator had, at the instigation of the Church in his native Flanders, been condemned to death as a heretic when he was thirty-two, he settled in Germany and developed in 1569 at Duisburg his famous global-map projection which determined the conception of the world for four centuries. With his global map voyagers found their course more easily across the seas, and the European countries were shown oversized at the centre of the world. His map had *fidelity of axis* and of *position*.

Durch diese *Achstreue* wurde die Orientierung erleichtert. Außerdem lagen alle Punkte gleicher Sonneneinstrahlung auf einer zum Äquator parallel verlaufenden Geraden; durch diese *Lagetreue* wurden verwandte Klimazonen als solche erkennbar. Schließlich ermöglichte ihr rechtwinkliges Netz die Ergänzung der Karte am linken oder rechten Kartenrande durch einfache Anfügung des auf der Gegenseite abgetrennten Kartenteils. Und endlich war ihr Konstruktionsprinzip so klar überschaubar, ihr Kartennetz so leicht zu zeichnen, daß sie sich auch für den Gebrauch durch Schüler eignete.

sun's rays were shown as being on a line of latitude running parallel to the equator. Areas of similar climate were thus easily identifiable. The use of a rectangular grid system allowed the map to be extended to left or right simply by adding on that part of the map detached from the other side. Finally, the principles of construction were so easy to understand and the grid system so easy to draw that the map was suitable for use by schoolchildren.

Mercator wrote on his map: "The map cannot be extended to the Poles themselves as the degrees of latitude finally increase to infinity." This disadvan-

Karte 44: Mit der Weltkarte, die aus Anlaß der Beendigung des Dreißigjährigen Krieges 1648 n. von dem Holländer Joan Bleau in der Mercatorprojektion geschaffen wurde, und die sich in vielen Auflagen in ganz Europa verbreitete, setzte sich die Mercatorprojektion ein halbes Jahrhundert nach dem Tode ihres Schöpfers endgültig durch.

Map 44: On the global map which was made in Mercator's projection in 1648 (at the end of the Thirty Years' War) by the Dutchman Joan Bleau, and which was spread over all Europe in many editions, the Mercator projection had, half a century after the death of its creator, been finally established.

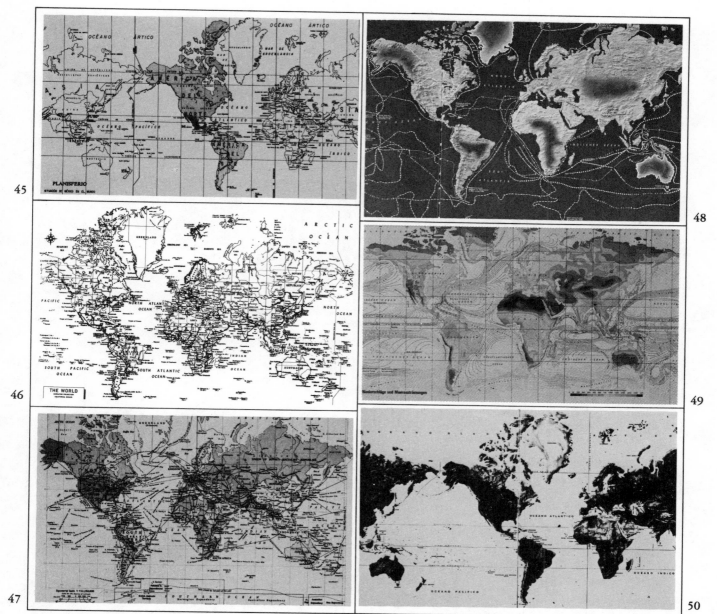

45

48

46

49

47

50

Karten 45–50: Die Mercatorkarte blieb bis in unsere Epoche die unser Weltbild prägende Erdkarte. Alle hier abgebildeten Karten sind in den 70er und 80er Jahren des 20. Jahrhunderts erschienen, also nach dem Ende der europäischen Kolonialherrschaft. Das Festhalten an dieser Erdkarte des kolonialen Zeitalters ist Symbol für die Fortdauer des europazentrischen Weltbildes. Die abgebildeten Karten sind den neuesten Auflagen folgender Atlanten entnommen: Neuer Atlas der Republik Mexiko (Karte 45), Ambassador Weltatlas (Karte 46), Moderner Schulatlas Hongkong (Karte 47), Reader's Digest Atlas (Karte 48), Times Atlas (Karte 49), Atlas der Republik Chile (Karte 50).

Maps 45–50: Up to our own time, the Mercator map remained the one that determined our view of the world. All maps shown here appeared in the 1970s and 1980s, that is after the end of European colonial domination. Holding to this global map of the colonial age is symbolic of the continuation of the Europe-centred view of the world. The maps shown here are taken from the latest editions of the following atlases: New Atlas of the Republic of Mexico (map 45), Ambassador World Atlas (map 46), Modern School Atlas Hongkong (47), Reader's Digest Atlas (map 48), Times Atlas (map 49), Atlas of the Republic of Chile (map 50).

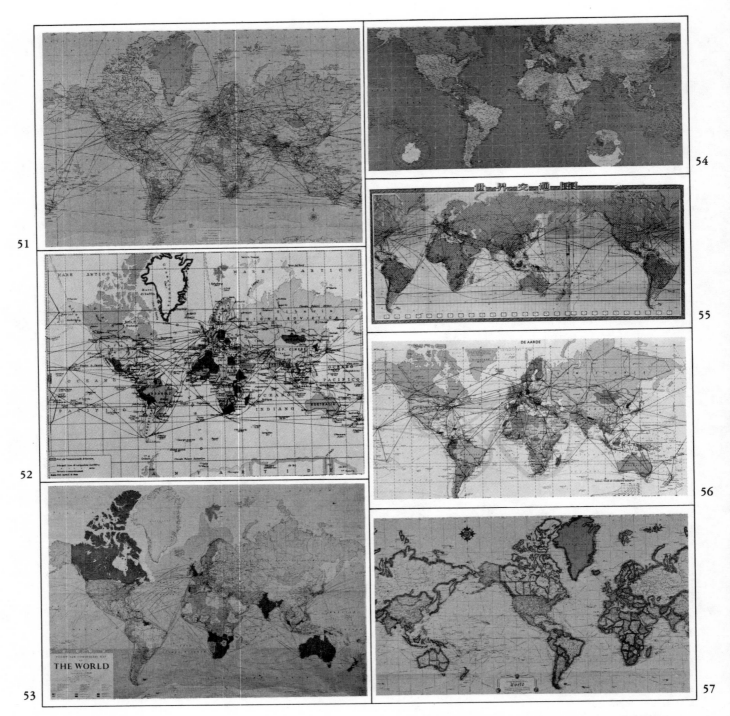

51

54

52

55

56

53

57

Atlanten und Schulwandkarten der Gegenwart mit Erdkarten in der über 400 Jahre alten Projektion des Mercator: Bartholomew-Wandkarte (Karte 51), Neuer Weltatlas des italienischen Verlages Paravia (Karte 52), Schulwandkarte des britischen Verlages Philip (Karte 53), Wandkarte des Falk-Verlages (Karte 54), Offizielle Schulwandkarte der Chinesischen Volksrepublik (Karte 55), Karte aus dem niederländischen „Grote-Bos-Atlas" (Karte 56), Nordamerikanische Schulwandkarte von Rand-McNally (Karte 57).

World atlases and school wall-maps of today in the more than 400-year-old Mercator projection: Bartholomew Wall Map (map 51), New World Atlas of the Italian publishing firm Paravia (map 52), School Wall-map of the British publishing firm Philip (map 53), Wall-map of Falk-Verlag (map 54), Official School Wall-map of the Chinese People's Republic (map 55), map from the Dutch 'Grote-Bos-Atlas' (56), North American School Wall-map by Rand-McNally (map 57).

„Bis zum Pol selbst kann übrigens die Karte nicht ausgedehnt werden, da die Breitengrade schließlich ins Unendliche wachsen", schrieb Mercator selbst auf seiner Karte. Dieser Nachteil wog leicht gegenüber den Vorteilen der Karte in einer Epoche, die Australien noch nicht entdeckt hatte, und die von der Antarktis nicht wußte.

Aber Mercator hatte auf eine Kartenqualität verzichtet, deren Fehlen seine Erdkarte seit ihrer Entstehung für ein wirklichkeitsgetreues geographisches Weltbild unbrauchbar machte: die Flächentreue. Liest man Mercators Bemerkungen auf seiner Karte dazu, erkennt man, daß er von der Möglichkeit zur Erhaltung absoluter Flächentreue nicht wußte, so daß er von dem Glauben durchdrungen war, auch dieses Problem bestmöglich gelöst zu haben. Denn er vermerkte über die Größe der Länder, daß er sie ‚möglichst wahrheitsgetreu' dargestellt habe. Vergleicht man nun auf seiner Erdkarte etwa Skandinavien (1,1 Mill. qkm) mit der Arabischen Halbinsel (3,1 Mill. qkm) oder mit Indien (3,2 Mill. qkm), so erscheinen Arabien und Indien kleiner als Skandinavien, obwohl in Wahrheit jedes dieser beiden außereuropäischen Gebiete dreimal größer ist. Europa (9,7 Mill. qkm) ist auf der Mercatorkarte etwa so groß abgebildet wie Afrika, das mit seinen 30 Mill. qkm tatsächlich dreimal so groß ist. Derartige Flächenverzerrungen konnte Mercator nur als ‚möglichst wahrheitsgetreue' Darstellung der Ländergrößen bezeichnen, wenn er um die Möglichkeit einer flächentreuen Übertragung der Kugeloberfläche auf die Kartenebene nicht wußte und die mathematischen Grundlagen seiner Kartenprojektion nicht kannte. Er hatte auch das Netz seiner Karte nicht errechnet, sondern geometrisch konstruiert, also die Kugel-Rundung zeichnerisch auf die Kartenebene übertragen. Hundert Jahre später traten mit der Infinitesimalrechnung und der Möglichkeit zur exakten Berechnung gekrümmter Flächen die Mängel seiner Projektion klar zutage.

tage was a minor consideration in an age when Australia had not been discovered and Antarctica not even thought of.

Mercator had however sacrificed one cartographical quality in his map which rendered it unsuitable as a totally realistic geographical world concept: fidelity of area.

Reading Mercator's notes on his map, it is clear that he was unaware of the possibility of retaining this quality and was thus convinced that he had found the optimal solution to all the problems of map projection. He noted that he had represented the size of the countries "as truly as possible".

If one compares Scandinavia on his map (1.1 million square km) with the Arabian peninsula (3.1 million square km), or with India (3.2 million square km), then Arabia and India appear to be smaller than Scandinavia yet in actual fact each is three times larger!

Europe (9.7 million square km) appears on Mercator's map to be about the same size as Africa which, with its 30 million square km, is in fact three times as large.

It is possible that Mercator could describe these proportional distortions as representing the countries 'as truly as possible' if he was ignorant of the possibility of a projection of the surface of the globe onto a flat map which included fidelity of area and if he was not aware of the mathematical basis of his own map projection. He had not calculated the grid system of his map but had constructed it geometrically — that is, he had translated the spherical shape of the globe onto the map by pure draughtmanship. Centuries later, with the help of infinitesimal calculus and the possibility of the exact calculation of curved surfaces, the shortcomings of his projection were clear for all to see.

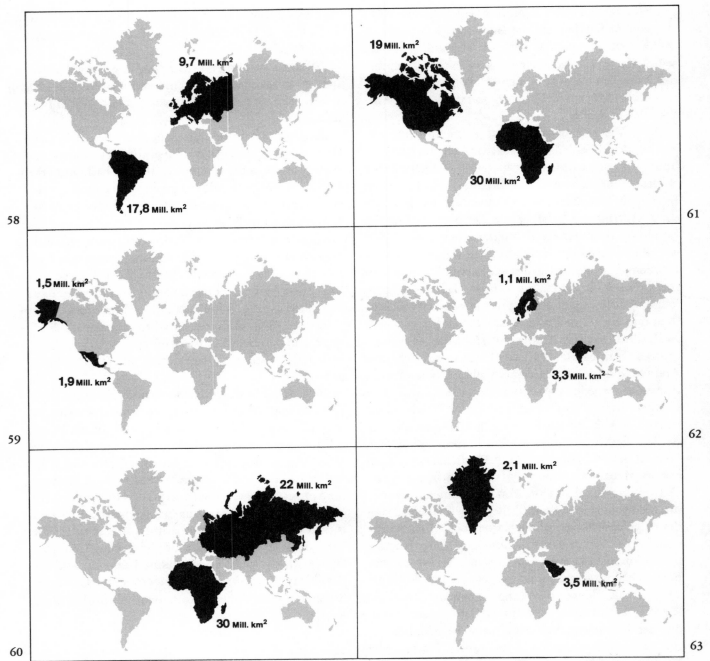

9,7 Mill. km²

17,8 Mill. km²

58

19 Mill. km²

30 Mill. km²

61

1,5 Mill. km²

1,9 Mill. km²

59

1,1 Mill. km²

3,3 Mill. km²

62

22 Mill. km²

30 Mill. km²

60

2,1 Mill. km²

3,5 Mill. km²

63

Die Verzerrungen der Mercatorkarte begünstigen die von Weißen bewohnten Länder der gemäßigten Zonen. So erscheint Südamerika kleiner als das in Wirklichkeit nur gut halb so große Europa (Karte 58); Alaska sieht doppelt so groß aus wie das in Wirklichkeit größere Mexiko (Karte 59): die Sowjetunion (Karte 60) und Nordamerika (Karte 61) wirken größer als das in Wahrheit wesentlich größere Afrika; Skandinavien erscheint größer als das tatsächlich dreimal größere Indien (Karte 62). Besonders deutlich wird die Verzerrung der Mercatorkarte bei der Gegenüberstellung von Arabien mit dem in Wirklichkeit kleineren Grönland (Karte 63).

The distortions of the Mercator map favour the countries of the temperate zones inhabited by the whites. Thus South America appears smaller than Europe, which is in reality only half as large (map 58); Alaska looks twice as large as Mexico, which is in reality larger (map 59); the Soviet Union (map 60) and North America (map 61) appear larger than Africa, which is in reality considerably larger; Scandinavia appears larger than India, which is in fact three times as large (map 62). The distortion of the Mercator map becomes specially evident in a comparison of Arabia with Greenland, which is in reality smaller (map 63).

DER EUROPAZENTRISCHE CHARAKTER DER MERCATORKARTE

Aber die Mercatorkarte war inzwischen schon zum Symbol ihrer Epoche geworden, der Epoche der Europäisierung der Erde. Hierfür war sie auch aus mehreren Gründen besonders geeignet:

Indem sie die Kartenfläche nicht in zwei gleiche Hälften teilte, sondern den Äquator tief in die untere Kartenhälfte legte, nutzte sie zwei Drittel der Kartenfläche für die Darstellung der nördlichen Erdhälfte, während der südlichen Erdhälfte nur ein Drittel der Kartenfläche gegeben wurde. Hierdurch kam Mercators Wahlheimat Deutschland (wohin er durch kirchliche Verfolgung in seiner flämischen Heimat vierzigjährig verschlagen worden war) in die Mitte der Karte, obwohl Deutschland in Wahrheit auf dem nördlichsten Viertel der Erde liegt. Außerdem wurden die Länder der weißen Kolonialherren auf Mercators Weltkarte viel größer dargestellt, als sie es in Wirklichkeit sind, während die von den farbigen Völkern bewohnten äquatornäheren Gebiete im Verhältnis dazu viel zu klein erschienen. So kam die Mercatorkarte dem Überlegenheitsbewußtsein der Europäer entgegen, und sie behauptete sich bis in unsere Epoche, obwohl kritische Kartographen seit Jahrhunderten versuchen, sie durch ein wirklichkeitsgetreueres Weltbild zu ersetzen.

Wenn aber vierhundert Jahre lang alle Versuche zur Überwindung der Mercatorkarte vergeblich waren, ist dies nicht allein darauf zurückzuführen, daß sich die Menschen an den europazentrischen Charakter dieser Erdkarte gewöhnt hatten und sie nicht mehr missen wollten. Entscheidend waren die Kartenqualitäten, und da gab es seit Mercator bis in unsere Epoche hinein keine einzige neue Karte, die Mercators Projektion eindeutig überlegen gewesen wäre.

Äußerlich betrachtet fällt auf, daß alle Erdkarten, die außer der Mercatorkarte in den letzten Jahrhunderten in Atlanten oder Wandkarten veröffentlicht wurden, Mercators rechteckige Kartenform und damit das rechtwinklige Kartennetz preisgaben. Sanson, Bonne, Mollweide, Hammer, Aitoff, Eckert, van der Grinten, Robinson, Goode, Winkel, sie alle konstruierten Erdkarten mit gerundetem Gradnetz. Dadurch verzichteten sie auf die Grundqualitäten der Mercatorkarte, ohne die aber die Orientierung auf einer Karte so schwierig wird, daß alle Verbesserungen des

THE EUROPE-CENTRED CHARACTER OF MERCATOR'S MAP

In the meantime Mercator's map had become the symbol of its age; of the era of the Europeanisation of the world. It was suitable for this purpose for serveral reasons.

By placing the equator deep in the southern half of the map, two thirds of the available map surface were available to represent the northern half of the globe while the southern hemisphere had to be content with only one third. This tactic allowed Germany (Mercator's chosen domicile since being exiled from his Flemish homeland in his forties by religious persecution) to appear in the centre of the map, although it lies, in fact, in the northernmost quarter of the globe. Apart from this the white colonialist states appeared relatively far larger on the map than they were and the colonies, inhabited by the coloured peoples, appeared too small.

Mercator's map thus supported the European sense of superiority and maintained itself into our generation despite the efforts of critical cartographers over hundreds of years to replace it with a more truly representative concept of the world.

The reason for this failure of four centuries of criticism to displace Mercator's map is not only attributable to the fact that people had come to accept its Europe-centred charakter, but that until today no proposed alternative projection could surpass his in accuracy of presentation.

At first glance it becomes obvious that all maps (apart from Mercator's) published in atlases in the last few centuries have abandoned the rectangular grid system and shape. Sanson, Bonne, Mollweide, Hammer, Aitoff, Eckert, van der Grinten, Robinson, Goode, Winkel, all produced global maps with curved grid systems. By this they sacrificed the basic virtue of Mercator's projection without which orientation became so difficult that all the improvements introduced by Mercator's successors could not compensate for its loss.

The aesthetic qualities of his map, with its clear representation also eluded them as did its practical value as a seaman's navigational aid. The curved grid system was a step backwards when compared with Mercator's projection and even if these maps reduced the Europe-centred distortion of the globe by greater

Kartenbildes durch Mercators Nachfolger diesen Mangel nicht überkompensieren konnte. Auch ästhetisch wurde die Mercatorkarte in ihrer harmonischen Form mit ihrem klaren Kartenbild von den Nachfolgern nicht erreicht. Ebenso blieben alle späteren Erdkarten in ihrem praktischen Nutzen nicht nur für Seefahrer hinter Mercator zurück. Das gerundete Kartennetz, mit dem die Kartographen die Mercatorkarte überwinden wollten, war kartographisch ein Rückschritt, denn es gab *Achstreue* und *Lagetreue* der Mercatorkarte preis. Und wenn diese Karten die europazentrische Verzerrung des geographischen Weltbildes auch durch größere Flächentreue abmilderten, so steigerten sie andererseits durch ihre gerundeten Meridiane die Bevorzugung Europas, weil nun die ganze übrige Welt rund um das in der optischen Kartenmitte verbliebene Europa garniert war. Mindestens in dem Maße, wie die neuen Erd-Projektionen den vertikalen Euro-Zentrismus der Mercatorkarte überwanden, fügten sie also dem geographischen Weltbilde durch ihre gerundeten Kartennetze einen horizontalen Euro-Zentrismus hinzu. Das kann nicht überraschen, wenn man bedenkt, daß alle diese neuen Projektionen zwischen 1650 und dem zweiten Weltkrieg entstanden, in einer Zeit also, da der europäische Kolonialismus noch ungebrochen war. Und so sind alle Nach-Mercator-Projektionen bis in unsere Epoche hinein nur Varianten jenes Kartenbildes der Erde, das seit 400 Jahren unser geographisches Weltbild prägt: das Kartenbild des mercatorianischen Euro-Zentrismus.

fidelity of area, they negated this by arranging the world around a central Europe which remained in the optical centre of the map and in the focal point of the curved meridians.

While negating Mercator's horizontal favouring of Europe, these new projections introduced a vertical favouring by use of their rounded meridians.

This comes as no surprise when one considers that all these projections were produced between 1650 and the Second World War – a period of unbroken European colonization.

Thus it is that all post-Mercator projections, right into our own era – have been merely variants of the map which has formed our view of the world for 400 years: the cartographical concept of Mercator's Euro-centralization.

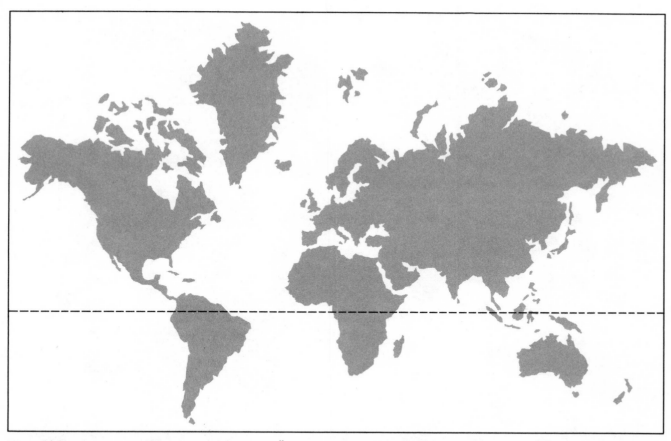

Karte 64: Zeichnet man auf der Mercatorkarte den Äquator ein (der bekanntlich die Erde in zwei gleiche Hälften teilt), wird deutlich, daß hier zwei Drittel der Kartenfläche für die Darstellung der nördlichen Erdhälfte verwendet sind, während die südliche Erdhälfte auf einem Drittel der Kartenfläche zusammengedrängt ist.

Map 64: If one draws on Mercator's map the equator (which, as is well known, divides the globe into two equal halves) it becomes evident that here two thirds of the map's area are given to the representation of the northern hemisphere whereas the southern hemisphere is crowded into one third of the map.

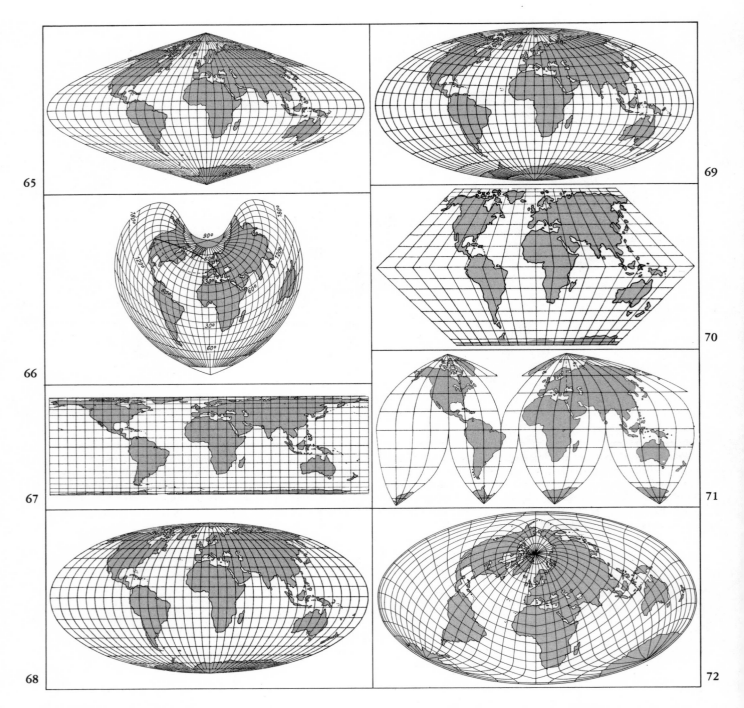

65

66

67

68

69

70

71

72

Seit die Mercatorkarte das geographische Weltbild der Menschen deformierte, bemühten sich Kartographen um die Überwindung dieses europazentrischen Zerrbildes der Erde: 1650: Sanson (Karte 65), 1752: Bonne (Karte 66), 1772: Lambert (Karte 67), 1805: Mollweide (Karte 68), 1892: Hammer (Karte 69), 1906: Eckert (Karte 70), 1923: Goode (Karte 71), 1948: Briesemeister (Karte 72). Alle diese Karten sind flächentreu – aber sie erkauften diese Qualität durch Preisgabe wichtiger Qualitäten der Mercatorkarte und konnten deshalb die Mercatorkarte nicht verdrängen.

Ever since the Mercator map has disfigured our geographic view of the world, cartographers have taken pains to overcome this Europe-centred distortion of the earth: 1650: Sanson (map 65), 1752: Bonne (map 66), 1772: Lambert (map 67), 1805: Mollweide (map 68), 1892: Hammer (map 69), 1906: Eckert (map 70), 1923: Goode (map 71), 1948: Briesemeister (map 72). All these maps have fidelity of area, but they bought this quality at the price of abandoning important qualities of Mercator's map and could therefore not supplant it.

BESTANDSAUFNAHME

Aber das alte Weltbild ist durch die tiefgreifendste Veränderung unserer bisherigen Geschichte im ausgehenden 20. Jahrhundert unhaltbar geworden . Eine neue Epoche zieht herauf, die sich grundsätzlich von allen vorausgegangenen Epochen unterscheidet: Die technische Revolution hat unsere Erde von Grund auf umgestaltet, weltweite Kommunikation macht die Erdbewohner zu unmittelbaren Augenzeugen des Weltgeschehens, die arbeitsteilige Produktion und der moderne Verkehr haben die ganze Erde zu einem einzigen Wirtschaftsraum zusammengefügt, das Ende der europäischen Kolonialherrschaft veränderte die Formen der weltweiten Ausbeutung, Armut und Reichtum der Völker und Klassen wuchsen ins Ungemessene, die Gleichheit aller Menschen rang sich vom verbalen Bekenntnis zur revolutionären Verwirklichung durch, das Zeitalter der Wissenschaft ist angebrochen.

ÜBERHOLTE THEORIE

In dieser neuen Epoche ist kein Raum mehr für das alte geographische Weltbild, das vierhundert Jahre europäischer Weltherrschaft begleitete. Aber das aus der Entwicklung selbst immer unabweisbarer hervorgegangene Suchen nach dem neuen, unserer Zeit entsprechenden Kartenbilde der Erde kann nicht zum Ziele führen, solange die alten Lehrmeinungen das kartographische Denken bestimmen. Denn in den vierhundert Jahren europäischer Weltherrschaft hat sich eine kartographische Theorie entwickelt, die das ihr zugrunde liegende europazentrische geographische Weltbild festschrieb und es gegen jede grundlegende Veränderung abschirmte. Diese kartographische Theorie, die sich zunehmend als eigene Wissen-

TAKING STOCK

This antiquated global concept has been rendered untenable in the late 20th century by the radical changes in our recent history.

We are at the dawn of a new age which is vitally different from all preceding epochs. The Technical Revolution has changed our world fundamentally. Global communications make human beings instant eyewitnesses of world events.

The division of labour in production and modern forms of travel have shrunk the world to a unified productive unit. The end of European colonization changed the nature of global exploitation; the poverty and riches of peoples and classes have become incalculable.

The equality of all peoples has progressed from a verbal slogan to a revolutionary realization; the Age of Science has dawned.

THE OUTDATED THEORY

There is no place in this modern era for the old geographical world concept which accompanied four hundred years of European global domination. The inevitable attempts to find a new, contemporary pictorial representation of the world, which are an integral part of development itself, cannot be brought to a successful conclusion, however, as long as the old teaching concepts dominate cartographic thought. During the four centuries of European world domination a cartographic theory has developed which reinforces the Eurocentric geographical view of the world which originally produced it, and which staves off any basic amendments to it.

This cartographic theory, which has increasingly

schaft versteht, baut auf falsche Prämissen ein falsches Lehrgebäude und verhindert so den Durchbruch des überfälligen neuen geographischen Weltbildes.

developed into its own science, has produced a faulty school of thought on false premises and has thus prevented the introduction of the new geographic world concept which is now long overdue.

ENTMYTHOLOGISIERUNG

Am Anfang der Neuen Kartographie muß deshalb eine vorurteilsfreie Bestandsaufnahme stehen. Was falsch ist, muß über Bord geworfen werden. Die Überprüfung der alten Lehrsätze ist unerläßlich, obwohl die kartographische Theorie sie längst zu Axiomen erhoben hat und ihre falschen kartographischen Lehrsätze hinter richtigen mathematischen Formeln verbirgt. Wir stehen einem geschlossenen kartographischen Lehrgebäude gegenüber, das sich zu einem Mythos entwickelt hat. So gilt es, die alten, überkommenen Kategorien vorurteilsfrei auf ihren Wahrheitsgehalt zu untersuchen.

STRIPPING AWAY THE MYTHS

It is necessary to carry out an unprejudiced stock-taking of events at the starting point of this new cartography. That which is wrong must be thrown overboard; the careful scanning of old teachings is essential even though cartographic theory has long since raised them to the status of axioms and camouflaged them with credible mathematical formulae. We are confronted by a closed body of cartographic teaching which has developed into a myth. It is thus required that we examine impartially the validity of the old, inherited categories.

Mythos Nr. 1: Winkeltreue

Wenn die Mercatorkarte bis in unsere Epoche hinein gegen alle Kritik die unser Weltbild prägende Erdkarte geblieben ist, so verdankt sie das wesentlich der in jedem Lehrbuch der Kartographie bis heute wiederholten Feststellung, daß sie sich als einzige Erdkarte durch Winkeltreue auszeichnet. Karl Zöppritz faßte das 1884 in seinem bis heute verbindlichen Leitfaden der Kartenentwurfslehre so zusammen: ,,Die Mercatorprojektion ist die einzige winkeltreue Zylinderprojektion.''[3]) Wenn wir uns nun der Frage zuwenden, ob die Mercatorkarte wirklich winkeltreu ist oder ob ihr alle Lehrbücher der Kartographie bis auf den heutigen Tag diese Eigenschaft zu unrecht zuschreiben, müssen wir von der Definition des Begriffes ausgehen. Bei Wilhelmy[4]) heißt es unter dem Stichwort *Winkeltreue (konforme) Karte:* ,,Karte, deren von beliebigen Strahlen gebildete Winkel eines Netzentwurfs mit entsprechenden Winkeln des Urbildes übereinstimmen.'' Und in Westermanns Lexikon der Geographie heißt es über die Mercatorkarte, daß ,,die Größenverhältnisse polwärts entstellt erscheinen, alle Küsten-, Fluß- und

Myth Number 1. Fidelity of Angle

The Mercator projection owes its past and current supremacy and its inclusion in every cartographic text book to the firm statement, still reiterated today, that it produces the only global map with fidelity of angle. In 1884 Karl Zöppritz, in his 'Leitfaden der Kartenentwurfslehre' (which is still regarded as obligatory reading), formulated the situation as follows:

,,The Mercator projection is the only cylindrical projection which possesses fidelity of angle.''[3] If we wish now to examine the question of whether the Mercator projection really has this quality or whether all cartographical text books right up to the present day have falsely attributed fidelity of angle to it, we must turn to the definition of the quality itself.

Wilhelmy[4] defines it under the reference: *''Winkeltreue (konforme) Karte:* Maps on which angles formed by random lines with their grid systems, conform with the same angles on the original.'' And in Westermann's ''Lexikon der Geographie'' we read that on Mercator's map ''the ratio of size appears distorted towards the poles, whereas all coastlines, river courses, and mountain lines have their

Gebirgslinien aber ihre wirkliche Richtung aufweisen".[27]) Prüfen wir diese Übereinstimmung von Urbild (Erdoberfläche, Globus) und Netzentwurf (Mercatorkarte) an einigen Beispielen:

a) Die Linien geringster Krümmung zwischen Kapstadt und Kairo sowie zwischen den Neusibirischen Inseln und Kairo bilden in Kairo auf der Karte und dem Globus einen Winkel. Auf dem Globus bilden diese beiden Linien geringster Krümmung (= Großkreise) einen Winkel von 170 Grad, auf der Mercatorkarte bilden diese beiden Linien geringster Krümmung (= Gerade) einen Winkel von 135 Grad.

b) Die Linie geringster Krümmung zwischen Island (Reykjavik) und New York schneidet die Linie geringster Krümmung zwischen Rio de Janeiro und New York so: Auf dem Globus im 120-Grad-Winkel, auf der Mercatorkarte im 105-Grad-Winkel.

c) Die Linien geringster Krümmung Spanien–Island und Alaska–Island schneiden sich in Island so: Auf dem Globus im 170-Grad-Winkel, auf der Mercatorkarte im 105-Grad-Winkel.

d) Die Linien geringster Krümmung Elfenbeinküste–Feuerland und Neuseeland–Feuerland schneiden sich in Feuerland so: Auf dem Globus im 160-Grad-Winkel, auf der Mercatorkarte im 115-Grad-Winkel.

e) Die Linien geringster Krümmung Nordkap–Nordspitze Grönlands und Großer Bärensee–Nordspitze Grönlands schneiden sich an der Nordspitze Grönlands so: Auf dem Globus im 175-Grad-Winkel, auf der Mercatorkarte im 90-Grad-Winkel.

Die Winkel zweier Linien geringster Krümmung zwischen drei beliebigen Orten auf der Mercatorkarte stimmen also mit den Winkeln zwischen den Linien geringster Krümmung, die die entsprechenden Orte auf der Erde (Urbild) verbinden, nicht überein. Die Mercatorkarte ist also nicht winkeltreu.

Winkeltreue kann es auf der Kartenebene auch nicht geben, weil die direkte Verbindung zweier Punkte auf der Globusoberfläche (Großkreis) nur in der gnomonischen Karten-Projektion als direkte Verbindung (Gerade) wiedergegeben wird, der gnomonischen Karte wird jedoch von keiner Seite Winkeltreue zugesprochen. Die direkte Verbindung zweier Punkte (Strahl) auf dem Globus (Großkreis) wird auf allen anderen Kartenprojektionen nicht als Gerade wiedergegeben, sondern als Kurve. Das menschliche

true directions".[27] Let us now test this conformation of original (the surface of the earth) with the grid system (on the Mercator map) by a few examples.

a) the lines of least curvature between Cape Town and Cairo and between the Novosiberskije Ostrova (New Siberian Islands) and Cairo form an angle on the globe and on the map.

On the globe these two lines of least curvature (the great circle) form an angle of 70 degrees; on Mercator's map these same two lines of least curvature form an angle of 135 degrees.

b) the line of least curvature between Reykjavik and New York cuts the line of least curvature from New York to Rio de Janeiro at an angle of 120 degrees on the globe and 105 degrees on Mercator's map.

c) the lines of least curvature from Spain to Iceland and from Iceland to Alaska cross in Iceland at an angle of 170 degrees on the globe and 105 degrees on Mercator's map.

d) the lines of least curvature from the Ivory Coast to Tierra del Fuego and from Tierra del Fuego to New Zealand cross in Tierra del Fuego at an angle of 160 degrees on the globe and at an angle of 115 degrees on Mercator's map.

e) the lines of least curvature from the North Cape to the northern tip of Greenland and from the latter point to the Great Bear Lake form an angle of 175 degrees on the globe and 90 degrees on Mercator's map.

The lines of least curvature between three random points on the globe do not coincide with the same drawn between the same points on the map. It is thus proved that Mercator's map had no fidelity of angle.

Fidelity of angle is impossible in a map because the shortest distance between two points (the straight line) on the globe (the great circle) will be translated as rectilinear connections only on the gnomonic map projection. The gnomonic map projection however, can under no circumstances be referred to as possessing fidelity of angle.

On all other map projections the direct connection (straight line) of two points on the globe (great circle) is expressed as a curve and not a straight line.

The human imagination is only capable of connecting any two points on a map with an invisible straight line, but not with an invisible curve, the form of which is unknown.

It is therefore possible to state that this lack of

Vorstellungsvermögen ist aber nur in der Lage, zwei beliebige Kartenpunkte gedanklich durch eine auf der Karte nicht eingezeichnete Gerade zu verbinden, jedoch unfähig, sie gedanklich durch eine auf der Karte nicht eingezeichnete Kurve zu verbinden, deren Form er nicht einmal kennt. Deshalb kann man sagen, daß die Nichtidentität der Orthodrome mit der Loxodrome die Mercatorkarte bereits als nicht-winkeltreu klassifiziert.

So muß auch der Versuch zurückgewiesen werden, die Winkeltreue der Mercatorkarte dadurch zu beweisen, daß auf ihr (und nur auf ihr) der von Schiffen bei der Navigation gewählte Kurs stets gradlinig ist und alle Merdidiane unter gleichem Winkel schneidet. Denn in Wahrheit ist der nach Mercators Karte gesteuerte Kurs auf deren ‚Loxodromen‘ (die wirklich alle Meridiane unter gleichem Winkel schneiden) nicht die direkte Verbindung zu dem angestrebten Ziel. Der Weg des Schiffes über die Meere ist also nicht gerade wie auf der Mercatorkarte, das Schiff steuert vielmehr sein Ziel im weiten Bogen an. Den Umweg nehmen die Seefahrer in Kauf, weil die einfache, klare Orientierung nach der Mercatorkarte diesen Mangel wettmacht — aber sie kommen dann langsamer zu ihrem Ziele, als wenn sie Großkreis (Orthodrome) fahren, was nur in Küstennähe oder durch moderne Mittel der Navigation (Funkpeilung) möglich ist. Die Abweichung von Loxodrome und Orthodrome, also der Umweg, kann bei großen Strecken bis zu 57% betragen. Von Oslo nach Alaska etwa ist der direkte Kurs (Orthodrome) 6650 km, die Loxodrome aber 9720 km, deshalb bestimmen erfahrene Seefahrer möglichst häufig Standort und Kurs neu, wodurch sich die Differenz zwischen Orthodrome und Loxodrome und damit der Umweg verringert. — Eine Winkeltreue kann also der Mercatorkarte auch durch die an sich richtige Feststellung nicht zuerkannt werden, daß ihre Loxodrome alle Meridiane unter gleichem Winkel schneiden.

Es ist nun auch versucht worden, den von Mercator selbst auf seiner Karte erhobenen Anspruch der Winkeltreue dadurch aufrechtzuerhalten, daß diese Eigenschaft nicht mehr als Karten-Qualität, sondern nur noch als Netz-Qualität gefaßt wird. Heinz Bosse[5] definierte in seiner Kartentechnik, „daß die auf die Kartenebene übertragenen Netzmaschen zu denen der Erdoberfläche je nach Erfordernis flächentreu, winkeltreu oder vermittelnd zur Darstellung kom-

identity between the orthodrome and the loxodrome causes Mercator's map to be classified as having no fidelity of angle.

Another attempt to attribute fidelity of angle to Mercator's map must also be contradicted: that is that on his map (and only on his map) is it possible for the chosen course of a ship to appear as a straight line and to cut all meridians over which it passes at the same angle. The truth is that the course of a ship on Mercator's map (the loxodrome course, which in reality cuts all meridians at the same angle) is not the most direct route to the desired destination. The course of a ship over the sea is not straight (as indicated on Mercator's map) but is in reality a great arc.

Sailors accept their extra distance because the simple, clear orientation, which is possible using Mercator's map, compensates for it, but they take longer to reach their destinations than if they had chosen a course on the great circle — an orthodromic course — which is only possible in coastal waters or with the assistance of modern navigational aids (radio location).

The deviation between loxodromic and orthodromic courses on long sea voyages can be as much as 57% which is why experienced navigators recalculate their location and course as often as possible; this reduces the deviation.

Even with a correct definition (that its loxodrome cuts all meridians at the same angle), fidelity of angle cannot be attributed to Mercator's map.

It has also been attempted to retain the virtue of fidelity of angle for Mercator's map (which Mercator himself claimed for it) by relegating this property from a cartographical to a grid quality. In his "Kartentechnik" Heinz Bosse[5] stated: "The grid system, translated onto a map from the surface of the globe, may be classified in its relation to the original as having fidelity of area, fidelity of angle or of being arbitrary".

According to this a map has fidelity of angle if its grid intersections have the same angles as shown by those on the globe's surface. If we pursue this definition then every flat map has fidelity of angle and the Peters projection would distinguish itself by the combination of fidelity of area and of angle.

In fact the relegation of cartographical qualities to grid qualities (which this implies) is inadmissible.

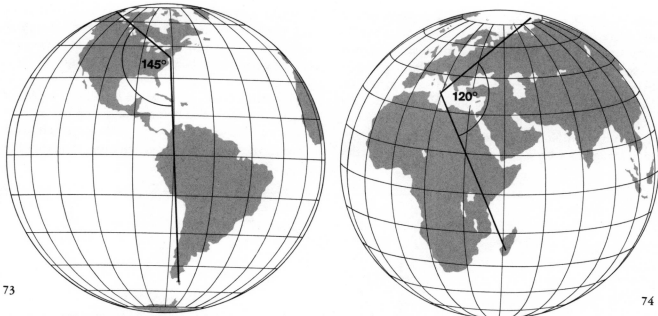

73

74

Vergleicht man die Winkel, in denen sich analoge Linien geringster Krümmung auf dem Globus (Karte 73 und 74) und auf der Mercatorkarte (Karte 75) schneiden, so erkennt man, daß diese Winkel nicht übereinstimmen. Winkeltreue ist also auch der Mercatorkarte nicht zu eigen.

If one compares the angles at which analogous lines of smallest curvature intersect on the globe (map 73 and 74) and on Mercator's map (map 75) it becomes evident that these angles are not identical. There is no conformality on the Mercator map.

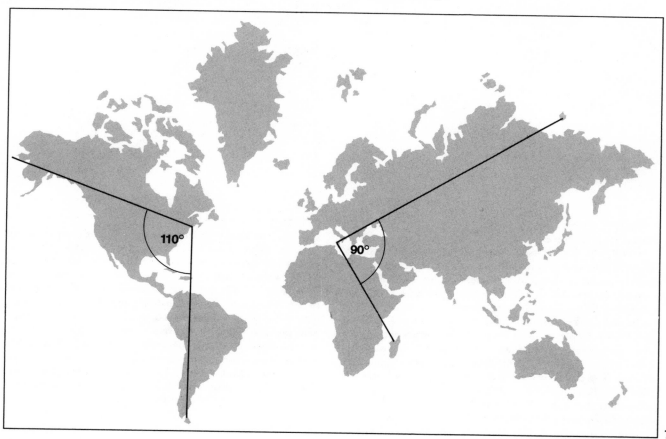

75

men". Danach ist eine Karte winkeltreu, wenn auf ihr die Netzmaschen im gleichen Winkel zur Darstellung kommen wie auf der Erdoberfläche. Folgt man dieser Definition, dann ist auch jede Plattkarte winkeltreu, und die Peterskarte würde sich durch die Vereinigung von Flächentreue und Winkeltreue auszeichnen. Tatsächlich ist aber die darin liegende Reduzierung von Kartenqualitäten auf Netzqualitäten unzulässig. Es würde auf diese Weise auch die Be-

It would also reduce the significance of fidelity of area which is not only a grid quality but a cartographical quality. Above all, the utilitarian value of a map is decided by cartographical and not by grid qualities.

Mercator's claim of apparent fidelity of angle for his global map is also being maintained by the relegation of this quality to the following definition ("Mehrsprachiges Wörterbuch kartographischer Be-

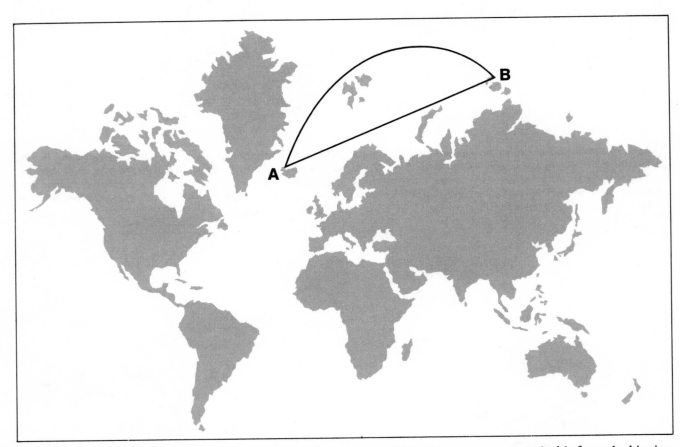

Karte 76: Die Mercatorkarte war für die frühe Seefahrt wertvoll, weil Schiffe nach ihr leichter navigieren konnten. Diese Möglichkeit ergab sich aus einer nur der Mercatorkarte eigenen Kartenqualität: Schiffe konnten ihren Kurs nun so wählen, daß sie alle Meridiane im gleichen Winkel schnitten. Diese „Loxodrome" genannte Linie stellte aber nicht den direkten Weg dar. So mußte etwa ein Schiff, das von Punkt A (Island) nach Punkt B (Sewernaja Semlja) auf der hier eingezeichneten geraden Linie (= Loxodrome) fuhr, einen Weg von 2091,9 Seemeilen zurücklegen. Der direkte Weg auf dem Großkreis (= Orthodrome), der auf Mercators Karte fälschlich als stark gebogener Umweg erscheint, ist aber nur 1781,5 Seemeilen lang = 17,4% kürzer. Auch diese Nichtidentität von Orthodrome und Loxodrome beweist die Nichtwinkeltreue der Mercatorkarte.

Map 76: The Mercator map was valuable for early shipping because with it ships could more easily navigate. This possibility came from a cartographic quality which is peculiar to the Mercator map: Ships could now choose their course by cutting all meridians at the same angle. But this line, called 'loxodrome', is not the direct way. Thus a ship sailing from A (Iceland) to B (Sewernaja Semlja) on the straight line here sketched (loxodrome) had to cover 2,091.9 sea miles. But the direct way on the orthodrome, which on Mercator's map appears erroneously as a strongly curved detour, is only 1,781.5 sea miles long, i.e. 17.4 per cent shorter. This nonidentity of orthodrome and loxodrome proves also the nonfidelity of angle of the Mercator map.

deutung der Flächentreue, die nicht nur eine Netz-
qualität, sondern eine Kartenqualität ist, herabge-
mindert. Vor allem aber sind für den Gebrauchswert
einer Karte nicht Netzqualitäten entscheidend, sondern Kartenqualitäten.

Mercators Anspruch auf die angebliche Winkeltreue seiner Erdkarte sollte schließlich noch gerettet
werden, indem man ‚Winkeltreue‘ darauf reduzierte,
daß die Karte ‚dem Urbild in ihren kleinsten Teilen
ähnlich ist‘ (Mehrsprachiges Wörterbuch kartographischer Begriffe)[6]. Dieser Gedanke beruht darauf,
daß die Tangenten, die man an die Schnittpunkte
jener Kurven legt, welche auf der Mercatorkarte die
Strahlen des Globus (Großkreise) wiedergeben, sich
im gleichen Winkel schneiden wie die entsprechenden Großkreise auf dem Globus. Diese Eigenschaft
der Mercatorkarte (die sie mit der stereographischen
Projektion teilt) hat sicher für die Navigation ihren
Wert und half im Zeitalter der Entdeckungen der
Verbreitung der Mercatorkarte als Seefahrerkarte; sie
ist aber für den normalen Gebrauchswert einer Karte
bedeutungslos und kann deshalb nicht zu einer allgemeinen Kartenqualität hochstilisiert werden.
Vielleicht könnte man sie als ‚Kurstreue‘ bezeichnen, womit ihre praktische Bedeutung (gradlinige
Loxodrome schneiden alle Meridiane unter gleichem
Winkel) wie ihre Einschränkung auf einen speziellen
Verwendungszweck ausgedrückt wäre. Mit dem
Worte ‚Winkeltreue‘ kann diese Spezialeigenschaft
aber keinesfalls bezeichnet werden. Denn ‚treue‘
bezeichnet die Übereinstimmung der Karte mit dem
Urbild (Erdoberfläche) und ‚Winkel‘ ist das ‚Maß
für den Richtungsunterschied zweier von einem
Punkte ausgehender Strahlen‘ (Gr. Herder). Also
bedeutet ‚Winkeltreue‘ nach dem unmittelbar ein-
sichtigen Wortsinne wie nach kartographischer Definition die Übereinstimmung ‚der von beliebigen
Strahlen gebildeten Winkel eines Netzentwurfs mit
entsprechenden Winkeln des Urbildes‘ (Wilhelmy)[4]. Diese Winkeltreue aber ist nur bei der
Nachbildung der Erde, also auf dem dreidimensio-
nalen Globus, erhaltbar; sie geht bei der Abbildung
der Erde auf der zweidimensionalen Karte durch die
hierfür unerläßliche Einebnung der Globusoberfläche notwendig, verloren. Eine Kartenqualität ‚Winkeltreue‘ gibt es also nicht. Dieser Grund-Irrtum der
bisherigen Kartographie führte notwendig zu weiteren Irrtümern.

griffe‘‘ – ‚‚Multilingual Dictionary of Technical
Terms in Cartography‘‘):[6] the map ‚‚should be comparable to the original in its smallest details‘‘. This
concept is based on the fact that the tangents which
are placed at the intersections of those curves on
Mercator's map which represent the lines on the
globe (great circles) cut one another as for those on
the equivalent great circles.

This property of Mercator's map (which it shares
with the stereographic projection) is certainly of
navigational value and in the Age of Discovery it
helped Mercator's map into a leading position as a
sailor's chart.

For the usual utilitarian value of a map this
quality is however insignificant and should not be
inflated to the status of having universal cartographical applicability.

Perhaps it could be defined as ‚‚fidelity of navigation‘‘; a term which would express its practical
virtues (a straight lined loxodrome cutting all meridians at the same angle) in their true validity, i. e.
being applicable only to one particular form of map.

The phrase ‚‚fidelity of angle‘‘ can in no way be
applied to this peculiar property as ‚‚fidelity‘‘ indicates that the details on the map are those on the
original (the globe) and angle is ‚‚the measure of
the variation in direction between two lines emana-
ting from the same point‘‘ (Grosser Herder) and thus
means, in cartographic terms, that ‚‚the angles
formed by any straight line with the lines of a
proposed grid system will be identical with the same
angles formed on the original‘‘ (Wilhelmy).[4]

This fidelity of angle is only attainable on three-
dimensional models of the earth, that is to say, on
the globe. It is an inescapable truth that fidelity of
angle is lost when attempting to express a representation of the surface of the globe in two dimensions
only — on a map.

There is thus no such cartographical quality as
fidelity of angle. The erroneous assumption that
such a quality existed led inevitably to further errors.

Mythos Nr. 2: Unvereinbarkeit

„Winkeltreue und Flächentreue stehen einander diametral gegenüber, die Erreichung der einen Eigenschaft bedingt die Nichterfüllung der anderen"[7]), sagte Hammer 1889, und Eckert bestätigte diese Lehrmeinung der Unvereinbarkeit von Winkeltreue und Flächentreue 1921: „Beide Eigenschaften stehen in unversöhnlichem Kampf miteinander, die eine Eigenschaft schließt die andere aus."[8]) Noch 1966 schrieb Paschinger: „Es liegt in der Natur der Sache, daß sich Flächentreue und Winkeltreue gegenseitig ausschließen."[9] So ist diese Auffassung bis heute ein Axiom der Kartographie geblieben und wird in jedem kartographischen Lehrbuch kritiklos wiederholt.

Nachdem wir soeben festgestellt haben, daß Winkeltreue zu den Globus-Qualitäten gehört, die (wie Entfernungstreue und Formtreue) bei der Einebnung der Globus-Oberfläche notwendig verloren gehen, müssen wir der Frage nachgehen, was hier eigentlich gemeint ist, denn offenbar liegt diesem Irrtum die falsche Formulierung eines richtigen Gedankens zugrunde.

Sicher stellte das Aufkommen flächentreuer Karten die Allgemeingültigkeit (und damit die das geographische Weltbild prägende Kraft) der Mercatorkarte auf eine schwere Probe. Denn die richtige Wiedergabe der Flächen-Verhältnisse ist ohne Zweifel die wichtigste Karten-Qualität. Andererseits waren die flächentreuen Karten so wenig überzeugend, hatten so viele wirkliche Mängel, daß die Ersetzung der Mercatorkarte durch eine dieser flächentreuen Karten kaum vertretbar war — insbesondere, wenn man bedenkt, daß Fachwelt und Öffentlichkeit sich längst an die Mercatorkarte gewöhnt hatten, und die Druckstöcke der Wandkarten und Atlaskarten auf der Mercatorprojektion beruhten. Haack schrieb 1906: „Selbst wenn ein Entwurf ausgedacht würde, der unstreitig nach der wissenschaftlichen als auch nach der praktischen Richtung hin vor Mercator den Vorzug verdiente, so dürfte man sich seinen Siegeszug durch die Atlanten keineswegs als einen Sturmeslauf vorstellen: Tausende von wertvollen Platten wirft man nicht gern einem Kartennetz zuliebe zum alten Eisen."[10]) Außerdem entsprach der Euro-Zentrismus der Mercatorkarte dem Weltbilde der europäischen Völker.

Myth Number 2. Incompatibility

"Fidelity of angle and fidelity of area are diametrically opposed qualities; the attainment of the one automatically means the non-attainment of the other"[7] stated Hammer in 1889 and Eckert confirmed this view in 1921: "These two qualities are engaged in irreconcilable combat with one another; the one excludes the other."[8]

Even in 1966 Paschinger wrote: "It lies in the nature of cartography, that fidelity of area and fidelity of angle are mutually exclusive qualities."[9]

This concept has remained an axiom of cartography until today and is faithfully (and uncritically) repeated in every geographical text book.

As we have just shown that fidelity of angle is one of those global qualities (like fidelity of distance and fidelity of shape) which are inevitably lost when the surface of the globe is flattened out, we must now try to identify exactly what is meant here as it is apparent that the cause of this error is the wrong formulation of a correct concept.

The emergence of maps with fidelity of angle (also termed conformity) put the universality of Mercator's map (and thus the moving force behind the world geographic concept) to a severe test. As is well known, the ability of a map projection to reproduce the relative areas correctly is without doubt its most vital quality.

On the other hand, these equivalent maps were so lacking in conviction and had so many real disadvantages, that the replacement of Mercator's map by one of them was scarcely credible. This likelihood became even more remote when one considered that the experts and the public had become used to Mercator's map and that the printing blocks for wall maps and atlas maps were all based on his projection.

In 1906 Haack wrote: "Even if a projection should be developed which surpassed Mercator's in scientific as well as practical aspects, its inclusion into our atlases would be anything but easy; one does not consign thousands of valuable printing blocks to the scrap heap just for the sake of a grid system."[10]

Apart from this, the Eurocentricity of Mercator's map was in sympathy with the global conception of the peoples of Europe at that time.

The task was, then, to emphasise the advantages of Mercator's projection over the newer maps with

Es ging also um die Geltendmachung der Vorzüge der Mercatorprojektion gegenüber den aufkommenden flächentreuen Erdkarten. Die Kartographen wollten an der formschönen, die Erde klar gliedernden Mercatorkarte festhalten. So suchten sie nach einer die Vorzüge der Mercatorkarte zusammenfassenden Bezeichnung. Mercator selbst hatte auf seiner Karte vermerkt, daß ,die Lage aller Punkte in bezug auf ihre gegenseitige Richtung' genau der Wirklichkeit entspricht. Gauß hatte dann für diese Eigenschaft der Mercatorkarte den Begriff ,konform' geprägt, Tissot machte daraus ,autogonal' und Breusing ,winkeltreu'.

Aber: Wenn es Winkeltreue als Kartenqualität nicht gibt, was war gemeint mit dieser Bezeichnung, die offenbar die Qualitäten der nicht-flächentreuen Mercatorkarte gegenüber den aufkommenden flächentreuen Karten zusammenfassen sollte?

Es war das schöne klare Kartenbild, die harmonische Form, die leichte Ergänzbarkeit der Karte, die lotrechte Stellung der Meridiane und die waagerechte Lage der Breitenkreise.

Das Wort ,Winkeltreue' sollte diese fünf Qualitäten zusammenfassen, durch die sich die Mercatorkarte von den flächentreuen gerundeten Erdkarten (Sanson, Bonne, Hammer, Eckert, Goode, Briesemeister) unterschied.

Dagegen wäre nichts einzuwenden, wenn nicht das Wort ,winkeltreu' einen klaren, eigenen Inhalt hätte, und die damit bezeichnete Kartenqualität auch der Mercatorkarte, wie allen Verebnungen der Kugeloberfläche der Erde, tatsächlich nicht zu eigen ist. Und vor allem: Die fünf aufgeführten Qualitäten der Mercatorkarte fehlen den genannten flächentreuen Erdkarten, sind aber nicht grundsätzlich unvereinbar mit der Qualität der Flächentreue. Diese fünf Qualitäten der Mercatorkarte mit Flächentreue zu vereinigen, ist schwierig, aber nicht unmöglich. Die Behauptung von der Unvereinbarkeit der unter der Bezeichnung ,Winkeltreue' irrtümlich zusammengefaßten Qualitäten der Mercatorkarte mit der Flächentreue ist falsch. Dieser Irrtum hat die Entwicklung der Kartographie als der unser geographisches Weltbild prägenden Disziplin bis in unsere Epoche hinein stagnieren lassen, weil sie die eigentliche Aufgabe der Kartographie als unerfüllbar erklärte: Die Vereinigung der fünf Qualitäten der Mercatorkarte mit der dieser Karte fehlenden Flächentreue. Und: Dieser Irrtum führte notwendig zu einem weiteren Irrtum:

their fidelity of angle.

The cartographers wished to retain Mercator's map with its pleasing shapes and its clarity of portrayal. They thus sought for a phrase which would express the advantages of his map.

Mercator had written on his own map that it faithfully and exactly reproduced "the situation of all points in their relativity".

Gauss then coined the concept of 'conformity' for Mercator's map; Tissot translated this as 'autogonality', and Breusing produced 'fidelity of angle'.

If however, the cartographical property of conformity did not exist, what did these terms, which were apparently supposed to describe the qualities of the Mercator projection (with its lack of fidelity of area) over these new maps, mean? It was the fine, clear picture, the harmonic shape, the simple supplementability of the map, the vertical position of the meridians and the horizontal parallels of latitude.

The word 'conformity' was designed to express the summation of all these qualities by which Mercator's map differed from the rounded global maps with their fidelity of area (Sanson, Bonne, Hammer, Eckert, Goode and Briesemeister).

There would be nothing wrong with this if the term conformity did not possess such a clear and peculiar meaning which Mercator's map (like all attempts to represent the curved features of the globe on a flat surface) in fact did not possess. Above all, the five qualities attributed to Mercator's map were not shared by the above mentioned global maps with their fidelity of area, although it is not impossible to combine all these virtues. True, it is difficult but it can be achieved.

The statement that those qualities of Mercator's map, erroneously grouped together under the term "fidelity of angle" are incompatible with fidelity of area is wrong. This error had led to the stagnation of the development of cartography, a discipline which has affected our global concept right to the present day.

The false premise (that the union of the five qualities of Mercator's map with a further virtue – fidelity of area – was impossible) led to yet another error.

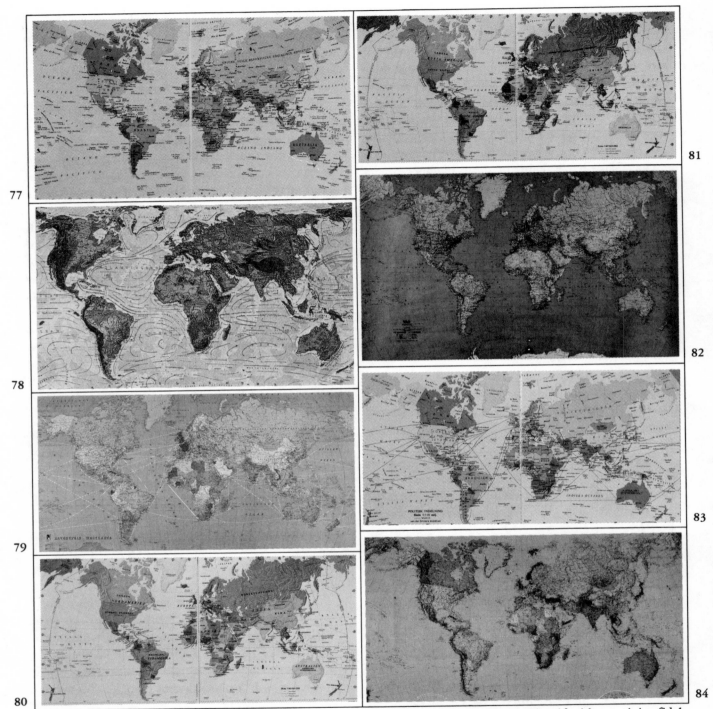

Als „vermittelnd" gelten Karten, die Mercators Gradnetz preisgeben, ohne flächentreu zu sein, wie die Karten von Zanichelli (Karte 77), Hallwag (Karte 78), Ravenstein (Karte 79), vom Nordischen Schulatlas (Karte 80), von Bartholomew (Karte 81), Kümmerly + Frey (Karte 82), Esselte (Karte 83) und Perthes (Karte 84). Ein Vergleich der Größe von Grönland (2,3 Mill. Quadratkilometer) und der Arabischen Halbinsel (3,1 Mill. Quadratkilometer) zeigt die Flächenverzerrungen.

Maps which abandon Mercator's grid without gaining fidelity of area may be regarded as 'compromises'. Examples are maps by Zanichelli (map 77), Hallwag (map 78), Ravenstein (map 79), of Nordischer Schulatlas (map 80), Bartholomew (map 81), Kümmerly + Frey (map 82), Esselte (map 83), and Perthes (map 84). A comparison of the size of Greenland (2.3 million square km) and the Arabian peninsula (3.1 million square km) shows the distortion of area.

Mythos Nr. 3:
Vermittelnde Karte

Wenn wir nun wissen, daß es winkeltreue Karten überhaupt nicht gibt und auch nach mathematischen Gesetzen nicht geben kann, mutet die Frage, ob Karten flächentreu oder winkeltreu sein sollen, skurril an. Aber diese Frage beherrscht die Gemüter der Kartographen seit Jahrhunderten bis in unsere Zeit hinein. 1889 schrieb Hammer: „Die Ansicht darüber, welche von beiden Anforderungen an geographische Karten gestellt werden soll, schwankten und schwanken." Kartographen wie Debes, Frischauf, Wittstein und August plädierten für Winkeltreue, Breusing, Eckert, Haack, Boesch und Troll für Flächentreue. Da es sich aber bei der Annahme einer Kartenqualität ‚Winkeltreue' um einen Irrtum handelte, beweist dieser Streit der Fachleute, daß sich die Kartographie bis heute im vorwissenschaftlichen Stadium ihrer Entwicklung befindet. Nur dadurch war es auch möglich, daß das von der Mercatorkarte geprägte geographische Weltbild sich bis in unsere Epoche gehalten hat. Denn solange die der Mercatorkarte fehlende Flächentreue nur als eine von zwei Grundqualitäten einer Karte betrachtet werden konnte, der die allein der Mercatorkarte eigene Winkeltreue gegenüberstand, war es möglich, die Mercatorkarte mit guten Gründen zu verteidigen und zu erhalten, zumal Gewohnheit und europazentrisches Denken sie begünstigten.

Als in unserem Jahrhundert mit dem Zusammenbruch des europäischen Kolonialismus die Mercatorkarte endlich unhaltbar wurde, trat nicht eine flächentreue Karte an ihre Stelle. Wie der Rückzug aus der europäischen Weltherrschaft schrittweise erfolgte, vollzog sich auch die Abwendung vom europäischen Weltbilde der Mercatorkarte auf Raten. Der Irrtum von der Winkeltreue der Mercatorkarte wurde nicht berichtigt, und so konnten sich Karten durchsetzen, deren Projektion als ‚vermittelnd' bezeichnet wurde, weil sie die angebliche Unvereinbarkeit der angeblichen Winkeltreue mit der nun nicht mehr ganz außer acht zu lassenden Flächentreue dadurch zu überbrücken vorgaben, daß sie sich beiden soweit als möglich näherten. Aber von der vollen Verwirklichung einer realen Kartenqualität abzusehen, um sich dadurch einer fiktiven Kartenqualität anzunähern, ist keine Vermittlung, sondern ein Verzicht.

Myth Number 3.
The Arbitrary or Compromise Map

If we have established that the laws of mathematics do not permit the production of maps with fidelity of angle, the questions "must maps have either fidelity of axis or of area?" sounds ludicrous, but it has dominated cartographical thought for centuries. In 1889 Hammer wrote: "Opinion as to which of the two qualities should be incorporated into geographical maps has been and is divided."[7] Cartographers such as Debes, Frischauf, Wittstein and August supported fidelity of angle; Breusing, Eckert, Haack, Boesch and Troll were for fidelity of area. As it has been shown that the acceptance of the map quality "fidelity of angle" was an error, this argument among the experts proves that even today cartography is still in the pre-scientific stage of development. Only thus has the Mercator-influenced world concept been able to retain its supremacy into our generation. As long as the quality of fidelity of area (which the Mercator projection lacked) could be regarded as only one of two basic properties which a map should possess and as long as it had to compete with the advantages of the opposing virtue of fidelity of angle (which the Mercator projection supposedly had), it was possible for Mercator's projection to be defended and retained. Additionally, Mercator's map enjoyed the advantages of its increasing familiarity among Europeans whose Eurocentric ideas it reinforced.

The demise of colonialism in this century rendered the Mercator projection invalid, but it has not been replaced by a map with fidelity of area. In step with the gradual withdrawal of Europe from its role of world domination, the popularity of Mercator's map also declined. The erroneous concept of fidelity of angle of the Mercator projection remained unchallenged however and this led to the emergence of compromise or "arbitrary" maps. They were so termed because they attempted to bridge the gap between the supposedly incompatible qualities of (apparent) fidelity of angle and fidelity of area. This latter quality was now coming increasingly to the fore.

The fact that this resulted in the ignoring of a genuine cartographical quality in pursuance of a fictional one was not compromise but abdication.

Compromise is only useful between incompatible qualities; as it is possible to combine all attainable

Vor allem aber wäre eine Vermittlung nur zwischen unvereinbaren Qualitäten sinnvoll. Da sich aber alle erreichbaren Qualitäten grundsätzlich in einer Karte vereinigen lassen, sind diese Nach-Mercatorkarten nicht ‚vermittelnd‘, sondern schlecht.

Hatte die Mercatorkarte auf die Flächentreue verzichtet, um wesentliche andere Kartenqualitäten zu verwirklichen, so verzichteten diese Karten gleichzeitig auf die Flächentreue und auf alle jene Kartenqualitäten, die der Mercatorkarte zu eigen sind (und die irrigerweise unter dem Namen ‚Winkeltreue‘ subsumiert worden sind). So waren die ‚vermittelnden‘ Karten noch schlechter als die Mercatorkarte, und sie fanden in unserem Jahrhundert nur deshalb Verbreitung, weil auf ihnen die gröbsten europazentrischen Verzerrungen der Mercatorkarte abgemildert waren. Dafür aber brachten sie zusätzlich durch ihr gerundetes Kartennetz den europazentrischen Charakter unseres geographischen Weltbildes auf eine weniger angreifbare Weise zur Geltung. Wie sich die politische Freigabe der Kolonien durch ihre europäischen Mutterländer zunehmend als Fortsetzung der kolonialen Ausbeutung mit anderen Mitteln erwies, erhielten und festigten die vermittelnden Erdkarten (van der Grinten, Robinson, Winkel) unser altes europazentrisches geographisches Weltbild.

Mythos Nr. 4: Projektionslehre

Die ersten drei Mythen verhinderten bereits die Überwindung unseres europazentrischen geographischen Weltbildes durch ein flächentreues Kartenbild der Erde. Die falsche Behauptung einer der Flächentreue gleichwertigen, aber mit ihr nicht zu vereinbarenden Karteneigenschaft ‚Winkeltreue‘ überbürdete dem einzelnen Kartographen die Entscheidung darüber, welcher Kartenqualität er im Einzelfall den Vorzug gibt. Indem der gleichzeitige Verzicht auf die reale Kartenqualität ‚Flächentreue‘ und die fiktive ‚Winkeltreue‘ durch die ‚vermittelnden‘ Karten als ein diesen beiden Kartentypen gleichwertiges Projektionsprinzip bezeichnet wurde, war der Kartograph bei der Erstellung einer Karte nun aufgefordert, zwischen drei Kartentypen zu wählen. Aber er sollte auch noch zwischen drei Projektionsweisen wählen, die sich aus der früheren Übertragungstechnik der Globusfläche auf die Kartenebene ergaben: Kegelprojektionen, Zylinderprojektionen und Azimutalprojektionen, be-

cartographical virtues in one map, these post-Mercator maps are not real ‘compromises’ – they are just bad.

If Mercator's map had sacrificed fidelity of area in pursuit of other, significant cartographical qualities, these subsequent maps abandoned not only fidelity of area but also all those other qualities which the Mercator projection possessed and which had been falsely subsumed under the name of ‘fidelity of angle’.

Arbitrary maps were worse than Mercator's but they were accepted because they at least reduced the crudest pro-European distortions which his contained. At the same time, their rounded grid systems re-expressed the Eurocentric character of our geographical world concept in a more subtle way.

As with the passage of time the newly won political freedom of the old European colonies proved to be merely the extension of colonial exploitation by other means, so these arbitrary maps (van der Grinten, Robinson, Winkel) retained and reinforced our old, Eurocentric geographical world concept.

Myth Number 4. The Teaching of Projection

The three myths already exposed sufficed alone to frustrate the replacement of our Eurocentric geographical world concept by a global map with fidelity of area. The false image of an equal but incompatible cartographical quality called ‘fidelity of angle’ confused the map makers as to which of these qualities should be given priority. When both these qualities, the genuine and the false, were simultaneously abandoned in favour of the ‘compromise’ map, and this principle of projection was elevated to an equal status with fidelity of area and of angle, the cartographer was now expected to choose from three types of end product when considering how to draw a map. Additionally, he had to choose one of three possible, traditional production processes of transferring the details of the surface of the globe onto a flat plane: the conical, the cylindrical or the azimuthal projections.

These projections were known by the names of the shape onto which the details of the globe's surface

nannt nach den Abwicklungsflächen auf die zunächst die Projektionen der Globusfläche vorgenommen wurden, weil man sie nicht direkt auf das ebene Kartenblatt projizieren konnte.

Da die Kartenqualitäten mit den Projektionsweisen nicht zusammenfielen, gab es flächentreue Zylinderprojektionen wie winkeltreue Zylinderprojektionen und vermittelnde Zylinderprojektionen und so fort. Außerdem gab es viele verschiedene Möglichkeiten zur Erstellung etwa einer flächentreuen Kegel-, Zylinder- oder Azimutalprojektion – und so gab es bald nicht 3 mal 3 gleich 9 Projektionsweisen, sondern mindestens 3 hoch 3 mal 3, also rund hundert bekannte Projektionen.

Dazu kam die Polykonische Projektion, die Polyeder-Projektion, die Rumpf-Projektion, die transversale Projektion, die Kreisring-Projektion, die Globular-Projektion, die gnomonische Projektion und die stereographische Projektion. Schließlich gab es echte und unechte Projektionen und zwischen jeder dieser Projektionen und jeder anderen Projektion eine praktisch unbegrenzte Zahl von Mischprojektionen. So lernt der angehende Kartograph bis heute Wesen, Herkunft, mathematische Grundlage und Eigenart solcher Projektionen: Zentrale polständige Azimutalprojektion, stereographische polständige Azimutalprojektion, orthographische polständige Azimutalprojektion, mittelabstandstreue polständige Azimutalprojektion, flächentreue polständige Azimutalprojektion, zentrale äquatorständige Azimutalprojektion, stereographische äquatorständige Azimutalprojektion, modifizierte äquatorständige Azimutalprojektion, schiefachsige zentrale Azimutalprojektion, zwischenständige orthographische Azimutalprojektion, schiefachsige stereographische Azimutalprojektion, schiefachsige flächentreue Azimutalprojektion.

Dies ist nur ein Dutzend der gut hundert bekanntesten Projektionen, die unsere kartographischen Lehrbücher füllen. Man hat auch versucht, diese Projektionsarten (jede kann noch in einer Anzahl von Varianten gezeichnet werden) nach ihren Schöpfern zu benennen. Dadurch wurden sie wohl leichter merkbar, nicht aber leichter zu handhaben. Die Folge war eine Verwirrung der heranwachsenden Kartographen, die, mit falschen Kategorien ausgerüstet, hilflos einer Überfülle richtiger und falscher, wertvoller und wertloser Lehrsätze und Kartennetze gegenüberstehen. Sie alle zeichnen am Ende, wie ihre Lehrer es

were first transferred because they could not be drawn on to a flat map in one direct operation.

The cartographical qualities did not coincide with the projectional methods; there were some cylindrical projections with fidelity of area, some with conformity and so on. To complicate the picture, there were various methods of producing a conical, cylindrical or azimuthal projections with fidelity of area. There were not just three times three equals nine projectional possibilities but at least three cubed times three (i. e. almost a hundred) different methods.

To these must be added the polyconical, polyhedromic, rump, transverse, panoramic, globular, gnomonic and stereographic methods of projection. Finally there were genuine and false projections and a practically unlimited number of possible mixtures between any of the above mentioned processes.

Even today the future cartographer has to learn the nature, history, mathematical basis and peculiarities of the following azimuthal projections all of which are polar orientated: central, stereographic, orthographic, radically equidistant and one with fidelity of area.

He must also master the following azimuthal projections which are equatorially orientated: central, stereographic and modified.

To these must be added the non-vertical axial central azimuthal, the intermediate orthographic azimuthal, the non-vertical axial stereographic azimuthal and the non-vertical axial azimuthal projection with fidelity of area.

These are only a dozen of the hundred best known projection systems which fill our cartographical text books, and each method is capable of being executed in a number of variations. Attempts have been made to name these methods after their inventors; this would make it easier to sort them one from another but would not reduce the complexity of using them. The result has been confusion among young cartographers who are confronted with a bewildering array of rules and grid systems, some correct, some wrong, some valuable, some worthless. In the end they choose the easy solution (as did their teachers in the past); they copy those grid systems which they find in the published atlases. This neatly prevents any amendment to our outdated geographical world concept.

Thus it is that Mercator's global concept has maintained its leading position until today; so also has the myth of the freedom that a cartographer has, to choose

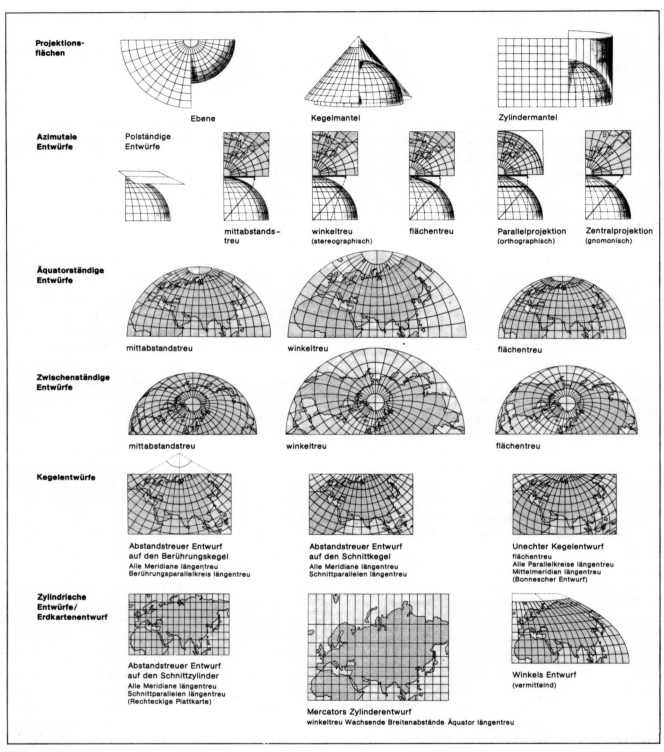

Projektions-flächen

Ebene · Kegelmantel · Zylindermantel

Azimutale Entwürfe

Polständige Entwürfe

mittabstands-treu · winkeltreu (stereographisch) · flächentreu · Parallelprojektion (orthographisch) · Zentralprojektion (gnomonisch)

Äquatorständige Entwürfe

mittabstandstreu · winkeltreu · flächentreu

Zwischenständige Entwürfe

mittabstandstreu · winkeltreu · flächentreu

Kegelentwürfe

Abstandstreuer Entwurf auf den Berührungskegel
Alle Meridiane längentreu
Berührungsparallelkreis längentreu

Abstandstreuer Entwurf auf den Schnittkegel
Alle Meridiane längentreu
Schnittparallelen längentreu

Unechter Kegelentwurf
flächentreu
Alle Parallelkreise längentreu
Mittelmeridian längentreu
(Bonnescher Entwurf)

Zylindrische Entwürfe/ Erdkartenentwurf

Abstandstreuer Entwurf auf den Schnittzylinder
Alle Meridiane längentreu
Schnittparallelen längentreu
(Rechteckige Plattkarte)

Mercators Zylinderentwurf
winkeltreu Wachsende Breitenabstände Äquator längentreu

Winkels Entwurf
(vermittelnd)

Karte 85: Eine Projektionslehre, wie sie sich in vielen Atlanten befindet, ist für den Benutzer wertlos, wenn den im Atlas enthaltenen Karten Angaben über die ihnen zugrunde liegende Projektionsweise fehlen. Beim „Diercke Weltatlas", dem diese Projektionslehre entnommen ist, haben 2 (zwei) von 362 Karten einen Hinweis auf die Projektion.

Map 85: Instruction on the theory of projection, as is found in many atlases, is useless when information on the projection used is missing. In the 'Diercke Weltatlas', from which this instruction is taken, only two of 362 maps give a hint as to the projection used.

CYLINDRICAL

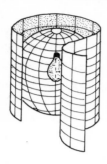

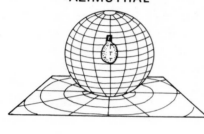
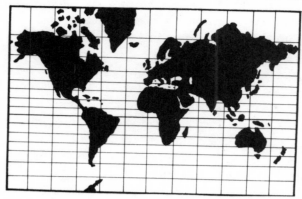

When a light source is placed at the centre of a translucent globe and a cylinder of paper wrapped around the globe, the parallels and meridians are projected as straight lines intersecting at 90° to produce a cylindrical projection

AZIMUTHAL

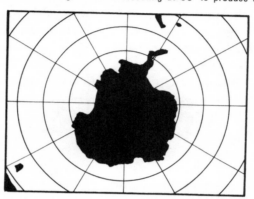

When the meridians and parallels are projected on to a plane surface tangential to the globe at any point, often a pole, an azimuthal or zenithal projection is produced in which direction is always true from the central point

CONICAL

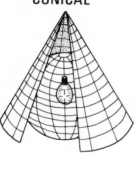
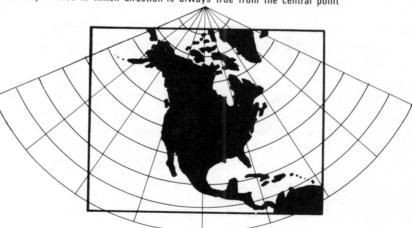

If a paper cone is placed over the globe, touching it a parallel, the meridians are projected as straight lines and the parallels as arcs of concentric circles

Eine Projektionslehre, die durch das Bild einer Glühbirne die verschiedenen Projektionsweisen veranschaulicht (wie hier bei Hodgkiss' „Understanding Maps"), ist irreführend, denn Karten werden in unserer Epoche nicht projiziert, sondern konstruiert. Auch die Mercatorprojektion, läßt sich nicht durch solche „Projektion" gewinnen.

A textbook on projection which illustrates different ways of projection by means of a picture of an electric bulb (as here in Hodgkiss' 'Understanding Maps') is misleading, for in our time maps are not projected but constructed. The Mercator projection cannot be achieved through such a 'projection'.

taten, die überkommenen Kartennetze aus den vorliegenden Kartenwerken ab ... wodurch jeder Erneuerung unseres überholten geographischen Weltbildes sicher vorgebeugt ist.

So verdankt unser an Mercator orientiertes europazentrisches geographisches Weltbild sein Fortleben bis in unsere Tage auch der Projektionslehre und dem sie begründenden Mythos von der Freiheit des Kartographen, aus den vorliegenden Projektionen die für jeden Karteninhalt und jeden Kartenausschnitt geeignetste Projektion selbst auszuwählen. Hierfür müßte der Kartograph, außer einer genauen Kenntnis der Eigenschaften von über hundert Projektionsweisen, wissen, welche Eigenschaften etwa eine agrargeographische oder geomedizinische Karte im Unterschied zu einer geologischen oder vegetationskundlichen Karte fordert. Schließlich gehörte dazu auch noch die Kenntnis der wünschenswerten Eigenschaften für groß-, mittel- und kleinmaßstäbliche Karten, denn nach der Projektionslehre fordert auch jeder Verkleinerungsgrad der Erdoberfläche und ihrer Teile eigene Karteneigenschaften. So scheitert die Auswahl der Kartennetze für jede einzelne Karte praktisch an der unüberschaubaren Fülle von Projektionen wie von Kriterien, nach denen der Kartograph seine Auswahl treffen soll. Außerdem beruht die Projektionslehre auf den Mythen der Winkeltreue, der Unvereinbarkeit und der vermittelnden Projektion. Mit ihnen erhält sie das alte europazentrische Weltbild, indem sie durch die unsinnige und unerfüllbare Forderung nach Kenntnis aller Projektionsweisen und ihrer speziellen Verwendung dazu beiträgt, daß die Kartographen am Ende das überkommene Kartenbild der Erde gedankenlos fortschreiben.

Was die Kartographie braucht, ist nicht eine umfassende Projektionslehre, sondern ein allgemein verständliches Projektionsprinzip. Entscheidend ist, daß entgegen aller Projektionslehre die bei der Verebnung der Kugeloberfläche der Erde erhaltbaren Kartenqualitäten in einem Kartennetz vereinbar sind. Diese, aus der Entmythologisierung der alten Kartographie sich unabweisbar ergebende Tatsache macht die gesamte Projektionslehre für den Kartographen zu einer bloßen historischen Reminiszenz. Für seine Arbeit heute und hier ist die Projektionslehre nutzlos, ein verwirrender Mythos, ein Teilgebiet der Geschichte der Kartographie, umfassend die 400 Jahre vom ausgehenden 16. bis zum ausgehenden 20. Jahrhundert.

for himself that projection which best suits the area and content of a map which he wishes to draw. To be able to make such a selection, a cartographer would have to know exactly for instance, the relative properties of over a hundred different projectional methods in order to choose the best one for, say, an agrarian or a geomedical map, in contrast to the requirements for a geological or vegetation map. Additionally, the relative values of these various projections alter with the scale of the map to be drawn. The theoretical freedom of choice of the best projection method is defeated by the incredible number of possibilities available. Apart from this, projectional teachings are based on the myths of conformity, incompatibility and compromise.

These factors combine in their complexity to present an impenetrable maze of misleading teachings which force the modern cartographer to resign himself to accepting the traditional projections and thus to retain and reinforce the old, Eurocentric world concept.

What cartography needs is not a comprehensive school of projection teaching but a universally applicable projection principle.

The decisive and indisputable fact, that it is possible to unite in one grid system all the cartographical qualities which should be retained when converting the features from the rounded surface of a globe onto a flat map, negates all projection teachings.

By stripping these myths away from traditional projection teaching, it stands revealed purely as a historical reminiscence.

Projection teachings are of no use to the modern cartographer; they are a confusing bundle of myths which describe that part of cartographical history from the end of the 16th to the end of the 20th centuries.

Mythos Nr. 5: Die Tissot'sche Indikatrix

Natürlich haben auch Lehrmeister der alten Kartographie erkannt, daß die verwirrende Fülle von Projektionen und die schwere Durchschaubarkeit ihrer Eigenschaften eine sinnvolle Auswahl für bestimmte Kartenausschnitte oder bestimmte Karteninhalte erschwert, ja verunmöglicht. So ersannen Tissot, Hammer, Bludau, Peucker und Eckert Wege zu einem leichten Verständnis der Projektionsflut. Eines dieser Mittel sollte sich bald als so wunderbar erweisen, daß man sicher war, damit den Ausweg aus der allgemeinen Hilflosigkeit gefunden zu haben: die Tissot'sche Indikatrix. Scheinbar praktisch zu handhaben, dabei streng mathematisch begründet, schuf Tissot durch sie die leichte Vergleichbarkeit aller Karten-Projektionen. Das Rezept ist denkbar einfach: Man schlägt auf dem Globus einen Kreis und schaut sich an, wie die verschiedenen Projektionen diesen Kreis abbilden: Wird daraus wieder ein Kreis, so ist die Karte winkeltreu, wird daraus eine Ellipse, so mißt man das Verhältnis ihrer kleinen zu ihrer großen Achse und weiß dann, ob sie flächentreu ist oder vermittelnd, und auch den Grad der Verzerrung kann man aus der Messung der Ellipsenachsen ablesen.

Ein Wundermittel also? Der angeschlagene Mythos der Projektionslehre schien jedenfalls mit seiner Hilfe bald wieder voll hergestellt zu sein — zu einer verworrenen, undurchschaubaren und dadurch fast unbrauchbaren Projektionslehre, hatte man nun einen Zauberschlüssel, der daraus einen leicht zu handhabenden Schatz der Kartographie machte. Im Zeitalter der Wissenschaft war es doppelt förderlich, daß diese verblüffende Vereinfachung durch eine einzige geniale Formel, also auf streng mathematischer Grundlage gelungen war. Der neue Mythos war geboren: Tissots Indikatrix machte die Überfülle der entstandenen Projektionen anwendbar, weil man mit ihrer Hilfe die Verzerrungen jedes Kartennetzes auf einfache Weise ermitteln und also die geeignetste Projektion für jeden Zweck auswählen konnte.

Was bedeutete die Tissot'sche Indikatrix und ihre Anwendung für die Kartograhie aber wirklich?

Sie reduzierte das Problem der Projektionsauswahl nicht auf eine Gleichung ersten Grades, sie war die Scheinlösung eines unlösbaren Problems, und sie stellte so in Wahrheit nur eine zusätzliche Belastung für die Kartographen dar.

Myth Number 5. Tissot's Indicatrix

This bewildering profusion of projections and the difficulty of correctly evaluating their relative qualities for a particular map was recognised by some of the teachers of the old cartography themselves. Tissot, Hammer, Bludau, Peucker and Eckert all bent their thoughts to developing a simple means of finding the way through the jungle of projections. One of these methods seemed initially to be so successful that is was generally accepted that the solution to the problems had been found.

Tissot developed an indicatrix, apparently simple to apply, and based on strict mathematical principles, which appeared to make the comparison of the various methods of projection easy.

The recipe was simple: one drew a circle on the globe and then examined how the various projections affected the resultant, flattened images of the features within this circle on the various maps. If the resultant area shape on the map was circular it possessed conformity; if it were elliptical one measured the longest and shortest axes and could then establish whether it had fidelity of area or was a compromise (or arbitrary) map. These elliptical axial lengths also produced a measure of the degree of distortion.

Was this the ideal solution? It certainly appeared that the damaged image of projection teaching had been completeley restored. The confused, incomprehensible jungle of almost impracticable concepts seemed to have been deciphered overnight by the use of this magical key and thus to have been transformed into a readily applicable treasury of cartographical knowledge.

In the scientific age it was doubly advantageous that this key, with its stunning simplicity, was based on one ingenious formula and on strict mathematical bases. A new myth was born. Tissot's indicatrix made the multiplicity of possible projections capable of application by its simple quantification of the distortion caused by each method to each selected map grid system.

But what in reality were the possibilities and the limitations of Tissot's indicatrix in relation to cartography?

It did not reduce the matter of the selection of the most suitable projection to a simple equation; it was the apparent solution to an insoluble problem and

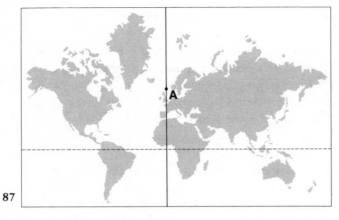

87

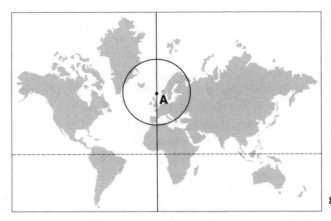

89

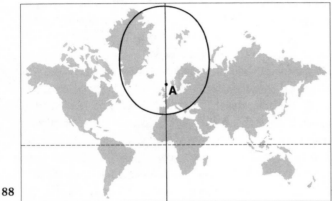

88

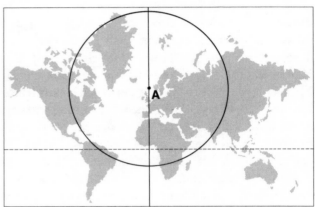

90

Karten 87–90: Die Tissot'sche Indikatrix beruht auf dem Lehrsatz, daß winkeltreue Karten jeden Kreis der Erdoberfläche auf der Karte in Kreisform wiedergeben, während nichtwinkeltreue Karten den Kreis der Erdoberfläche in eine Ellipse verwandeln. Hier wurde nun zunächst ein Punkt (A) auf dem Nullmeridian gewählt (Karte 87), dann wurde ein auf dem Globus um diesen Punkt geschlagener Kreis von 2700 Kilometer Durchmesser auf die Mercatorkarte übertragen, die als winkeltreu gilt. Dabei ergab sich kein Kreis, sondern eine Ellipse (Karte 88), deren Nord-Süd-Achse 62 Millimeter lang ist, der nördlichste Punkt dieser Ellipse liegt 45 Millimeter vom Mittelpunkt A entfernt, der südlichste Punkt 17 Millimeter. Ein durch den südlichsten Punkt der Ellipse geschlagener Kreis (Karte 89) hätte einen Flächeninhalt von 908 Quadratmillimeter, ein um den nördlichsten Punkt der Ellipse geschlagener Kreis (Karte 90) hätte den siebenfachen Inhalt, nämlich 6363 Quadratmillimeter. Die Tissot'sche Indikatrix, als Gesetz für die Übertragung unendlich-kleiner Kreise aufgestellt, erweist sich bei ihrer Anwendung auf reale Kartenflächen als unbrauchbar.

Maps 87–90: Tissot's indicatrix is based on the theory that maps with fidelity of angle show every circle on the earth's surface in circular form on the map, whereas maps without fidelity of angle turn the circle on the earth's surface into an ellipse. Here first a point (A) on the zero meridian was chosen (map 87), then a circle with a diameter of 2,700 km, drawn on the globe around this point, was transferred onto the Mercator map, which supposedly has fidelity of angle. The result was not a circle but an ellipse (map 88) the north-south axis of which is 62 mm long; the northernmost point of this ellipse is 45 mm distant from the centre A, the southernmost point 17 mm. A circle drawn round the southernmost point of the ellipse (map 89) would comprise an area of 908 square mm, a circle round the northernmost point of the ellipse (map 90) would comprise seven times as much, that is 6,363 square mm. Tissot's indicatrix, established as a law for the transfer of infinitesimal circles, has proved to be of no use when applied to real areas on the map.

Den Kreis auf dem Globus konnte kein Kartograph ausführen, und er war auch nicht in der Lage, die Übertragung des Kreises auf die in Frage stehenden Kartenflächen tatsächlich vorzunehmen. So reduzierte sich das Ganze auf eine mathematische Aufgabe, die neben der Berechnung und Erstellung der für eine Abbildung ins Auge gefaßten Kartennetze geleistet werden mußte. Außerdem genügte nicht ein Kreis und die Messung seiner Projektion auf der Kartenfläche. Tissot[11]) selbst sagte: „Es gibt keine Projektion, für die man nicht auf der Erde den Umfang eines Gebietes bestimmen könnte, zu deren Darstellung sie sich besser eignet als alle anderen." So ist also mit einer einzigen Verzerrungsmessung nichts gewonnen, weil deren rein zufällige Ergebnisse zu falschen Entscheidungen führen. Geht es also um die maximale Verzerrung oder um die durchschnittliche Verzerrung? Selbst eine leichtere Errechenbarkeit dieser Werte würde für die Eignung einer Projektion nur einen subjektiven Anhalt geben. So konnte für ganz verschiedene Erdkarten, wie es die Projektionen von Max Eckert, Walter Behrmann und Oswald Winkel sind, mit Hilfe der Tissotschen Indikatrix der mathematisch schlüssige Beweis für ihre überlegenen Qualitäten geführt werden. Imhof bemerkte: ‚Unter den flächentreuen Entwürfen der ganzen Kugeloberfläche in einem einzigen geschlossenen Bilde ist nicht derjenige mit den geringsten Winkelverzerrungen am brauchbarsten!'[12])

Die Verzerrungswerte einer Karte stellen also nicht einmal die Summe ihrer mathematischen Eigenschaften dar, sondern nur deren eine Seite. Und alle mathematischen Eigenschaften zusammen wären noch kein umfassender Indikator für die Güte einer Karte, weil sich die Vielzahl von Kartenqualitäten nicht auf die bei der Beurteilung eines Kartennetzes gewiß bedeutsamen mathematischen Qualitäten reduzieren läßt.

Wichtiger ist vielleicht noch, daß die Tissot'sche Indikatrix nur auf unendlich kleine Teile von Erde und Karte anwendbar ist – und damit für den praktischen Wert einer Karte bedeutungslos. Denkt man sich etwa auf der Erde einen Kreis von 1000 km Radius um einen Punkt auf 75 Grad Breite, so wird dieser Kreis auf der Mercatorkarte nicht als Kreis abgebildet, sondern als ellipsenartige Kurve, deren senkrechte Achse um 8% länger ist als ihre waagrechte Achse. So ist die Mercatorkarte nicht winkeltreu, was

only served further to complicate the issue for cartographers.

No cartographer could draw a circle on the world's surface, neither was he able in reality to transfer that circle's contents to a map.

The entire operation was thus reduced to a mathematical exercise which had to be undertaken in addition to the already necessary calculations which were needed for each intended new projection. Apart from this, the projection of a circle onto a map and the measurement of the resultant shape was not all that was required: Tissot[11] himself said: "There is no one projection, for which one could not define an area on the globe to be represented, which is better than any other". The quantification of only one distortion leads to nothing because its purely random result can lead to false decisions.

Are we talking of the maximum distortion or the average distortion? Even if it were more simple to calculate these values, this would merely improve the subjective value of this projection.

With the aid of Tissot's indicatrix it would be possible to prove, with mathematical means, the superiority of various global map projections such as those of Max Eckert, Walter Behrmann and Oswald Winkel.

Imhof made the following comment on the situation: "Among all those designs which aim to portray the entire surface of the globe with fidelity of area on one map, it is not the one with the least distortion of angle (least distorting of conformity) which is most useful".[12] The distorting effects of a map do not represent a complete quantification of its mathematical valsues. Even the summation of all the mathematical properties of a map would be no indication of the value of the end product because not all the truly significant qualities of a grid system can be expressed mathematically. More importantly, it must be realized that Tissot's indicatrix can only really be applied to very small areas of the globe or of a map; it is, for all practical purposes, useless.

If one imagines a circle on the globe of 1,000 km radius centred on a point on the 75th parallel of latitude, this circle will not appear in circular shape on Mercator's map but as an ellipse-like shape with a vertical axis about 8% longer than its horizontal axis. According to this, Mercator's map would have no fidelity of angle; this virtue is however attributed

ihr aber die Übereinstimmung des Kreischarakters beider differentiell kleinsten Kreise rechnerisch zuschreibt. Die Nicht-Übereinstimmung der Ergebnisse von Tissots Kreis-Verformung bei ‚differentiell kleinsten Kreisen‘ und Kreisen, die einen größeren Teil der Kartenfläche umfassen, beweist die praktische Wertlosigkeit der Tissotschen Indikatrix, selbst für die irrigerweise zum entscheidenden Kriterium der Güte einer Projektion erhobenen mathematischen Teil-Eigenschaften.

Ihr mathematisches Gewand verlieh der Tissot'schen Indikatrix jenen Mythos, der geeignet war, die übrigen Mythen der alten Kartographie durch die scheinbare Schlüssigkeit ihrer Aussagen als wahrhaftige Gegebenheiten erscheinen zu lassen.

Die Beliebtheit der Tissot'schen Indikatrix bis in unsere Tage ist Ausdruck der Hilflosigkeit unserer Kartographen gegenüber der Projektionslehre und den anderen Mythen; sie ist aber auch ein Beweis für das unabweisbare Bedürfnis nach einem Indikator, der verläßliche, vergleichbare Werte für alle Qualitäten einer Karte gibt.

mathematically to this map, based on the circular reproductions achieved by use of differential calculus and tiny circles. These varying results achieved by the application of Tissot's indicatrix to "differential minimal circles" and circles which cover a large part of the map demonstrate the practical worthlessness of the system even for those mathematical partial-properties which were erroneously elevated to the status of criteria for judging the value of a projection.

When Passarge said that mathematics was "the vital defence against the popularisation" of the science of geography, it must be remembered, that mathematics had given Tissot's indicatrix the cloak of mythical scientific character which permitted the other myths of the old cartography to be paraded as firm properties of this "science".

The popularity of Tissot's indicatrix right up to this day is an expression of the powerlessness of our cartographers against the old projection teachings and attendant myths. It is however also a witness for the incontrovertible need for an indicator which will produce reliable, comparable values for all qualities of a map.

Mythos Nr. 6: Der Maßstab

„Projektion und Maßstab sind die beiden mathematischen Größen der Karte", schreibt Eckert[13]) und bemerkt dazu: „Die genaue Maßstabsbezeichnung auf Karten ist eine Errungenschaft des 19. Jahrhunderts."

Ist die Maßstabsbezeichnung auf unseren Karten wirklich genau? Die Lehrbücher der Kartographie wie die Benutzer von Karten gehen davon aus, daß dies so sei. Wenn am unteren Rande einer Karte steht: Maßstab 1:10 000 000, so ist, wie man auch meist auf dem beigegebenen Entfernungsanzeiger ablesen kann, 1 cm auf der Karte gleich 100 km in der Natur. Und wir verwenden die Karte so, als wäre diese Angabe eine genaue Maßstabsbezeichnung. Tatsächlich ist die Angabe aber, wie bis heute jede Maßstabsangabe auf Karten und in Atlanten, nur ein ungefährer Maßstabsanhalt. Genau trifft sie nur für bestimmte Bereiche in bestimmten Richtungen zu, streng genommen nicht einmal für Teile der Karten-

Myth Number 6. The Scale

"Projection and scale are the two mathematical dimensions of a map" wrote Eckert,[13] and added: "the addition of exact scales to maps is an achievement of the 19th century". Are the scales on our maps really exact? Cartographical text books say that they are and this is accepted by those who use the maps. If at the bottom of a map we read: "Scale 1:10,000,000", we accept that 1 cm on the map means 100 km on the earth's surfac and we use the map as if this were so.

In fact this statement, like all scales shown in atlases, is only an approximation; it is only exact for certain directions in limited areas of the relevant map. Put more exactly, it does not even apply to areas, only to distances measured over them in certain directions.

Fidelity of distance is one of those items which is necessarily sacrificed when trying to represent the features of a curved surface on a flat surface. There are no maps which possess fidelity of distance; as all scales

fläche, sondern nur für einzelne darüber gelegte Richtungslinien. Entfernungstreue gehört zu den Eigenschaften, die bei der Übertragung des Kugelmantels der Erde auf die Kartenebene notwendig verlorengehen. Es gibt mithin keine entfernungstreue Karte. Da aber alle Maßstabsangaben auf unseren Karten einen Entfernungsmaßstab nennen, kann die Maßstabsbezeichnung auf keiner Karte zutreffen. Die Verbindlichkeit der Maßstabsangabe vermindert sich mit

on our maps include a statement as to the relativity of the distances measured, it follows that none of these scales is applicable. The validity of a scale is in inverse proportion to the size of the area of the earth's surface shown on a map.

The deviation from the truth is practically nil in a town plan; noticeable on a map and so crass on a global map that it is impossible to speak even of an approximation.

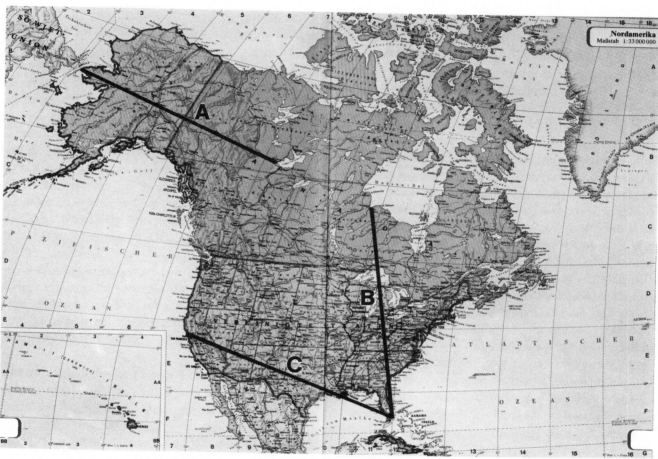

Karte 91: Die Maßstabsangabe auf dieser Karte in „Mairs Weltatlas" lautet 1:33.000.000. Danach müßten gleiche Entfernungen auf der Karte gleichen Entfernungen auf der Erde entsprechen. Die hier mit dem Zirkel gemessenen drei gleichen Kartenentfernungen bezeichnen drei ganz verschiedene Entfernungen auf der Erde: Strecke A (Kap Prince of Wales–Fort Providence) = 2552 Kilometer, Strecke B (Port Nelson–Miami) = 3641 Kilometer, Strecke C (Miami–San Francisco) = 4185 Kilometer. Die Maßstabsangabe ist also falsch – sie muß falsch sein, weil Entfernungstreue zu den Eigenschaften gehört, die bei der Übertragung der Kugeloberfläche der Erde auf die Kartenebene notwendig verlorengehen.

Map 91: The scale of this map in 'Mairs Weltatlas' is given as 1:33,000,000. Consequently equal distances on the map should correspond to equal distances on the globe. The three equal distances on the map, here measured with a pair of compasses, mean three quite different distances on the globe: Distance A (Cape Prince of Wales – Fort Providence) = 2,552 km; distance B (Port Nelson – Miami) = 3,641 km; distance C (Miami – San Francisco) = 4,185 km. The scale, then, is wrong; it is bound to be wrong since fidelity of distance is one of the qualities that necessarily get lost in a transfer of the spherical surface of the earth to the flat-surfaced map.

der wachsenden Größe des von der Karte abgebildeten Teilstücks der Erdoberfläche. So ist die Abweichung von der Wirklichkeit bei einem Stadtplan praktisch gleich Null, bei Länderkarten spürbar, bei einer Karte der ganzen Erde aber so groß, daß man nicht einmal mehr von ungefährer Übereinstimmung sprechen kann. Am Äquator bezeichnen die Kartenabstände auf Erdkarten meist ein Mehrfaches der Entfernung gleicher Kartenabstände in Polnähe. Es ist deshalb auch schon versucht worden, eine differenzierte Maßstabsskala neben die Angabe des Äquatorialmaßstabes zu setzen. Solche, die Fehlorientierung verringernden Angaben, die sich leider nur gelegentlich auf Erdkarten finden, können den Fehler der Maßstabsangabe aber nicht beseitigen. Denn sie korrigieren, selbst wenn sie wirklich benutzt werden, nur die horizontalen Entfernungsverzerrungen, nicht aber die vertikalen oder schrägachsigen Entfernungsverzerrungen. Wie groß diese Verzerrungen (und damit die Fehlorientierungen) durch die herkömmlichen Maßstabsangaben sind, mag ein Beispiel zeigen: Auf der Mercatorkarte ist die Entfernung von Kairo zu den Neusibirischen Inseln doppelt so groß abgebildet wie die Entfernung Kairo–Kapstadt. Da beide Entfernungen aber in Wirklichkeit gleich groß sind, ist die Maßstabsangabe um 100% verfälscht, muß also den Benutzer der Karte irreführen.

Jede Maßstabsangabe beruht auf der Voraussetzung, daß die Entfernungen auf der Karte in ihrem Verhältnis zueinander wirklichkeitsgetreu wiedergegeben sind, weil sonst keine Vergleichbarkeit der Entfernungen besteht. Diese Voraussetzung ist aber grundsätzlich bei keiner Karte gegeben, weil sie nach einem von Euler formulierten Gesetz mathematisch ausgeschlossen ist. Deshalb ist die genaue Maßstabsbezeichnung nicht eine Errungenschaft des 19. Jahrhunderts, sondern ein bis ins 20. Jahrhundert fortgeschleppter Mythos. Er trägt auch zur Erhaltung des alten europazentrischen Weltbildes bei, weil der Kartograph in Unkenntnis darüber gehalten wird, daß es möglich ist, exakte Maßstabsangaben zu machen, wenn eine Karte flächentreu ist – weil nur ein Flächenmaßstab das allgemeine Bedürfnis nach einer Maßstabsangabe fehlerfrei erfüllen kann. In dem Maße, wie dieses Wissen sich bei den Kartographen verbreitet und ein auf flächentreuen Karten stets richtiger Flächenmaßstab den notwendig falschen Entfernungsmaßstab ablöst, werden auch die unser geogra-

One centimeter measured at the equator of a global map usually represents multiples of the actual distances shown by one centimeter at the poles. This recognised fact led to the development of differential scales to be applied to the values given for equatorial measurement. This information, unfortunately only seldom found on global maps, reduces the errors in orientation but cannot rectify the mistakes in the scale's claim, as it only applies to horizontal distortion of distance and not to vertical or inclined measurements.

The degree of these distortions, and thus the misorientation, caused by conventional scales is shown in the following example: on Mercator's map the distance from Cairo to the New Siberian Islands is shown as being twice that from Cairo to Cape Town. As in fact both distances are equal, this scale is 100% wrong and must confuse the user of the map.

Every scale implies that the distances on the map are reproduced in true relation to their physical positions as otherwise no comparison of distances is possible. This can be true of no map because it is impossible according to Euler's mathematical rule. Thus the exact scale is not an achievement of the 19th century but a myth which has continued into the 20th century!

It also contributes to the retention of the old Eurocentric world concept because the cartographer is kept in ignorance of the fact that it is possible to quote exact scales – if a map possesses fidelity of area. Only an area scale can fulfil the requirement for error free scale quotations.

The more this fact becomes acknowledged by cartographers, and the more the necessarily wrong scale of distance is replaced, on maps with fidelity of area, by the correct area scale, the faster will those maps without fidelity of area, which still stamp our geographical view of the world, vanish.

phisches Weltbild bis heute prägenden nicht-flächentreuen Karten endgültig verschwinden.

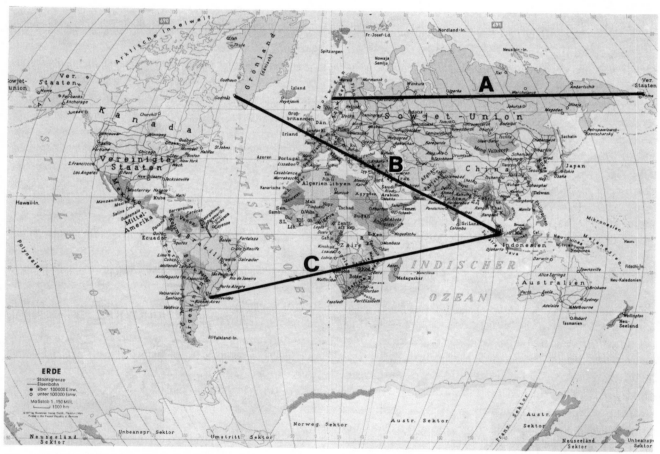

Karte 92: Die Maßstabsangabe auf dieser Erdkarte des Verlages Ravenstein in „Knaurs Lexikon" lautet „Maßstab
1:150 Mill.". Darunter wird ein gut 4 mm langes Maßstück
abgebildet mit der Angabe „1000 km". Danach müßten die
auf der Karte gleich langen Strecken A, B und C auch
gleichen Strecken auf der Erdoberfläche entsprechen. In
Wirklichkeit ist aber Strecke A (Trondheim–Beringstraße)
5600 Kilometer lang, Strecke B (Grönland–Singapur)
12.473 Kilometer lang und Strecke C (Singapur–Buenos
Aires) 15.862 Kilometer lang. Die Maßstabsangabe ist also
falsch – sie muß falsch sein, weil Entfernungstreue bei der
Einebnung der Erdoberfläche notwendig verlorengeht.

Map 92: The scale of this Ravenstein map in 'Knaurs Lexikon' is given as 1:150 Mill. At the bottom a 4 mm long piece
of the scale unit is printed with the information 1,000 km.
This suggests that the equally long distances A, B, and C on
the map correspond to equal distances on the earth's surface. Yet, in reality distance A (Trondheim – Bering Strait)
is 5,600 km long; distance B (Greenland – Singapore) is
12,473 km long; and distance C (Singapore – Buenos Aires)
is 15,862 km long. The scale, then, is wrong; it must be
wrong since fidelity of distance necessarily gets lost if the
earth's surface is flattened.

Mythos Nr. 7: Äquatorständigkeit

Obwohl auch Kartenbilder von Teilen der Erd-oberfläche auf unsere Vorstellung von ihrer Beschaffenheit einwirken, wird unser geographisches Weltbild letztlich von der Abbildung der ganzen Erde auf einem einzigen Kartenblatt geprägt. Wir haben eine Anzahl von Erdkarten kennengelernt, die auf den verschiedensten Wegen versucht haben, die Mercatorkarte zu überwinden, und die sich entsprechend voneinander unterschieden. In einem Punkte aber waren sich alle Erdkarten seit Anbruch des Zeitalters der Europäisierung der Erde gleich: Sie suchten den am Äquator liegenden Teil der Erde möglichst wirklichkeitsgetreu darzustellen und nahmen dafür beim Rest der Welt Verzerrungen in Kauf, die mit zunehmendem Abstand vom Äquator sich vergrößerten. Im Grunde war die übergroße Abbildung Europas bei Mercator die notwendige Folge dieses Prinzips der naturgetreuen Abbildung der Äquatorzone, das sich bei ihm mit dem Gedanken einer gradlinigen Abbildung der Loxodrome für Seefahrer in seiner Karte der 'wachsenden Breiten' verband. Dieser Gedanke wurde von seinen Nachfolgern aufgegeben, denen die allein für Seefahrer nützlichen gradlinigen Loxodrome unwichtig waren – aber Mercators Prinzip der naturgetreuen Abbildung der Äquatorialzone wurde beibehalten. Alle unsere heutigen Erdkarten in Schulen, in Atlanten wie in Presse und Fernsehen sind ebenso äquatorständig wie die Mercatorkarte und schreiben so Mercators europazentrisches Weltbild auf diese Weise fort. Dabei ist diese Äquatorständigkeit schon vom mathematischen Standpunkt aus bedenklich. Führt sie doch notwendig dazu, die unvermeidlichen Verzerrungen auf zwei Zonen zu verteilen – sie nehmen vom verzerrungsfrei abgebildeten Äquator nach beiden Polen hin schnell zu, was bei Mercator bereits in Europa zu einer viermal größeren Wiedergabe der gleichen Globusfläche führte, die am Äquator 1:1 abgebildet war, also zu einer 400%igen Verzerrung. Gewiß haben die Nach-Mercator-Projektionen diese schweren Verzerrungen vermindert, aber das Prinzip der Äquatorständigkeit haben sie beibehalten.

Eine vorurteilsfreie Bestandsaufnahme kann keinen triftigen Grund für das Festhalten an der unbegründeten Tradition einer verzerrungsfreien Abbildung der Äquatorzone finden. Diese steht sogar im

Myth Number 7. Equatorial Orientation

Although maps of certain parts of the earth's surface make an impression on our minds, our overall concept of the world is dominated by just one map. We have learned of a whole series of maps which have tried unsuccessfully to displace the Mercator projection; all of them differ one from another in various ways. All global maps designed since the beginning of the domination of the world by the Europeans have one common feature however; they all attempted to portray faithfully the details of the equatorial zone and accepted varying degrees of distortion in the representation of the other parts of the world. This distortion increased the further away from the equator one moved on the map and the oversized representation of Europe on Mercator's map was basically simply a necessary consequence of the principle of maintaining minimal distortion at equatorial level and of wishing to achieve a straight-line loxodrome for the convenience of seafarers. This idea was abandoned by his successors as the straight-line loxodrome was only of use to sailors but not to other users of global maps.

The aim of achieving minimal distortion of the equatorial zone was retained. All the global maps currently to be seen in schools, in atlases, in the press and television are as equator-orientated as Mercator's and continue to propagate the Eurocentric message of his map. Even from the mathematical viewpoint this equatorial orientation is a considerable factor and it led to the division of the area of maximum distortion into two zones – the polar regions – with rapidly increasing degrees of distortion as one moved away from the equator. It also led to Europe being portrayed on Mercator's map at four times the size it would have been if located at the equator. Expressed in another way, this means a 400% distortion of area.

Of course the post-Mercator projections have reduced this degree of distortion but have retained the principle of equatorial orientation. An unprejudiced review of the subject will produce no valid reasons for the retention of an arbitrary wish to portray the equatorial zone with minimal distortion. This wish in fact stands in contradiction to a widely accepted basic geographic rule – that which holds that it is most sensible to reproduce with minimal distortion those parts of the globe which are most densely populated. Without doubt these are the temperate zones and

Widerspruch zu einem allgemein anerkannten Grundsatz der Geographie. Danach gilt es nämlich als sinnvoll, jene Gebiete der Erde am besten abzubilden, die am dichtesten besiedelt sind. Ohne Zweifel sind dies die gemäßigten Zonen, und so würde sich eher der Gedanke nahelegen, nicht Afrika, sondern einen Gürtel der Erde unverzerrt darzustellen, der von Japan und Nordchina über Mitteleuropa bis zu den Industriezentren Nordamerikas sich erstreckt.

this would cause one to reproduce most faithfully a belt stretching from Japan and northern China, through central Europe to the industrial areas of North America, instead of one passing through Africa.

Mythos Nr. 8: Gerundetes Kartennetz

Blieb die Kartographie der letzten vier Jahrhunderte hier direkt bei Mercator stehen, so versuchte sie andererseits zunehmend, die schlimmen Flächenverzerrungen der Mercatorkarte zu beseitigen oder wenigstens abzumildern. Doch schlug sie dabei einen Weg ein, der nicht über Mercator hinausführte, sondern vor Mercator zurück: Sie verzichtete auf das rechtwinklig sich schneidende Kartennetz der Mercatorkarte. Die mit diesem Netz verbundene rechteckige Kartenform war aber im Ringen um die Durchsetzung des nachchristlichen Weltbildes längst zu einem Symbol geworden, einem Symbol für eine weltoffene, von Entdecker- und Forscherdrang erfüllte Menschheit, ein Symbol für kühn vorwärtsweisendes Denken und Handeln, wie es sich mit dem Anbruch der Neuzeit Bahn gebrochen hatte.

Dieses Symbol des allseitigen Fortschrittes preiszugeben, dazu mochte sich die Nach-Mercator-Zeit nicht verstehen. Und so ist das jahrhundertelange Festhalten am eurozentrischen geographischen Weltbilde des Mercator nicht nur Ausdruck des europazentrischen Denkens der vergangenen Jahrhunderte.

Man hat versucht, die gerundete Kartenform damit zu verteidigen, daß sie besser der Vorstellung von der Kugelgestalt der Erde entspricht. Die Geschichte beweist das Gegenteil. Immer, wenn man sich die Erde als Scheibe vorstellte, wurde sie gerundet dargestellt, wenn aber die Vorstellung von der Kugelgestalt der Erde sich Bahn brach, wurden die Erdkarten viereckig. Anaximander, Hekataios, Herodot, Demokrit, sie alle stellten sich die Erde als Scheibe vor, und ihre Karten waren gerundet. Eratosthenes und Marinos von Tyros wußten um die Kugelgestalt der Erde, ihre Erdkarten waren viereckig. Und als im Mittelalter die historisch längst überwundene Vorstellung von der Erde als Scheibe sich noch einmal

Myth Number 8. Rounded Grid Systems

If cartography has stood still in the last four hundred years since Mercator, then it has at least tried to overcome or to reduce the severe distortion of area which his projection produced. In attempting this it found a path which led backwards from Mercator's point of achievement instead of forwards. Cartography abandoned his right-angled grid system and with it the rectangular shape of a global map. This shape had long since become a symbol in the post-Christian era; a symbol of an open-minded humanity in an age full of the lust for discovery and exploration; for bold, progressive thought and action — as was appropriate to a pioneering age.

The post-Mercator generations were unable to abandon this symbol of comprehensive progress, and the centuries-long retention of his Eurocentric geographical world concept is not merely the expression of the Eurocentric culture of the last four hundred years.

Defenders of rounded grid systems claimed that they expressed the spherical nature of the globe more clearly, but history has proved otherwise. Whenever the earth was conceived to be a flat disc, it was represented as being round, but when the spherical global concept won its battle for acceptance, the global maps became rectangular. Anaximander, Hecataeus, Herodotus and Democritus all showed the earth (which for them was flat) on circular maps. Eratosthenes and Marinos of Tyre recognized the spherical nature of the earth and their maps were rectangular. In the Middle Ages the church deduced from the Bible that this could not be and dictated that the flat earth concept be adopted; this led back to circular global maps which were in use for the next thousand years. Only outside Europe could the global view of "heathen antiquity" be further developed. In

durchsetzte, weil es die Kirche so aus der Bibel her-
ausgelesen hatte, waren die Karten für eine Zwischen-
periode von 1000 Jahren wieder gerundet. Nur außerhalb des christlichen Europa konnte das Weltbild
der ‚heidnischen' Antike weiterentwickelt werden. In
Vorderasien schuf der aus Usbekistan stammende
arabische Mathematiker Al Karismi um 830 n. Chr.
seine bahnbrechende Erdkarte, die selbstverständlich
die Qualitäten der Achstreue und der Lagetreue hatte
und also viereckig war. Als dann in Europa diese Dogmen der Kirche mit der heraufziehenden Neuzeit
zerschlagen waren, brach sich die Vorstellung von der
kugelförmigen Erde auch hier endgültig Bahn. Dann
erst schuf Laurent Fries und endlich Mercator die
viereckige Erdkarte, die seitdem unser Weltbild geprägt hat. Diese symbolische Bedeutung der Kartenform für das geographische Weltbild lebte in den
Menschen fort, und sie wehrten sich gegen neue Erdkarten, die Mercators viereckige Weltkarte durch gerundete Kartenbilder der Erde ersetzen wollten. Daß
diese gerundeten Erdkarten in unserem Jahrhundert
doch allmählich Verbreitung finden, ist nur dadurch
zu erklären, daß Mercators extreme Flächen-Verzer-
rungen im Zeitalter der Wissenschaft immer uner-
träglicher wurden. Eine Überwindung seines eurozentrischen Weltbildes war mit diesen neuen gerundeten Kartenbildern der Erde aber nicht verbunden. Die
gerundeten Erdkarten machten ihre Abmilderung der
pro-europäischen Flächenverzerrung Mercators durch
ihren horizontalen Eurozentrismus mehr als wett,
denn auf ihnen rundete sich die übrige Welt um
Europa. Weil diesen gerundeten Karten wesentliche
Vorzüge der Mercatorkarte fehlen, boten sie keine
echte Alternative und begünstigten dadurch das weit-
gehende Festhalten an der Mercatorkarte bis in unsere
Zeit. So wirkte die gelegentliche Verbreitung der
gerundeten Erdkarten neben der Mercatorkarte dem
alten, durch den Gang der Geschichte überholten,
geographischen Weltbilde nicht entgegen, sie förderte nicht einmal das Nachdenken darüber, weil
diese gerundeten Erdkarten nur das alte europazentrische Bild der Erde auf neue Weise festschrieben.

Asia Minor the Arab mathematician Al Karismi, of
Uzbekistan, about 830 A.D., made his pionieering
global map which had, of course, the qualities of
fidelity of axis and of position, and was rectangular.
After the Age of Discovery had finally destroyed these
church dogmas the concept of a spherical earth was
once again adopted.

First Laurent Fries and then Mercator designed
rectangular global maps which since then have formulated our view of the world.

The symbolic significance of this map shape for the
geographic global concept lived on, as people resisted
the subsequent attempts to introduce maps with
rounded grid systems to replace Mercator's design.
The fact that these rounded maps have gradually
found acceptance in our century is due to the increasing scientific dissatisfaction caused by Mercator's
extreme distortion of areas over so much of his map.
But the defeat of his Eurocentric world concept did
not accompany the success of these rounded maps
because they replaced his area distortions in Europe's
favour with a horizontal Eurocentric picture which
perhaps exceeded his in the importance it lent to that
continent. As these new maps lacked the virtues
which Mercator's undoubtedly possessed, they presented no real alternatives and thus reinforced the
leading position which his map enjoys up until today.

Thus it was that the occasional production of
rounded maps besides Mercator's projection, did not
work against the traditional and outdated global
concept; they did not even provoke a genuine recon-
sideration of the matter, they in fact restated the
traditional view in a new manner.

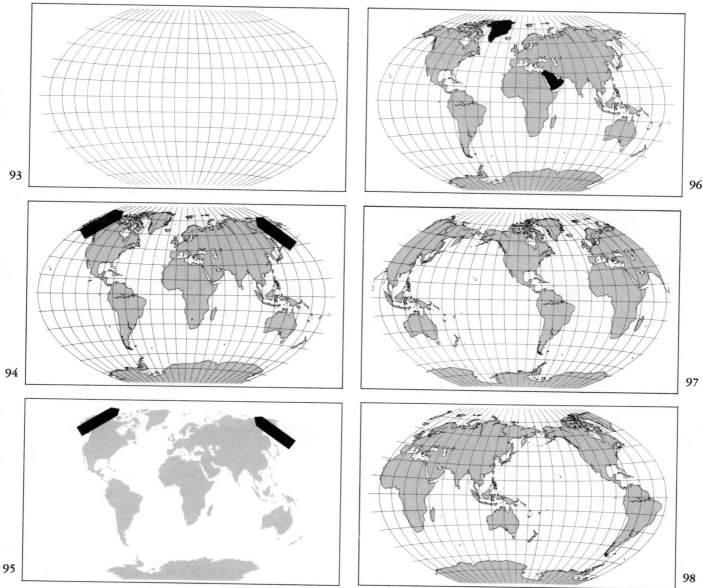

93

96

94

97

95

98

Das gerundete Kartennetz (Karte 93) soll die Vorstellung von der Kugelgestalt der Erde erleichtern. Tatsächlich erschwert es aber nur die Orientierung. Beide Pfeile auf Karte 94 weisen in Nordrichtung. Kann sich hier der Fachmann nach dem ausgezogenen Kartennetz noch zurechtfinden, so ist die Orientierung auf der gleichen Karte ohne Netz unmöglich (Karte 95). Die Flächenverzerrung dieser (Winkelschen) Erdkarte ist groß: Karte 96 erweckt den Eindruck, daß Grönland größer sei als die Arabische Halbinsel, tatsächlich ist es umgekehrt (Grönland 2,3 Mill. km², Arabien 3,1 Mill. km²). Betrachtet man Europa auf dem Amerikaschnitt (Karte 97) und auf dem Asienschnitt (Karte 98), so erkennt man, daß diese Karte für Europäer unannehmbar ist. Ebenso unannehmbar ist natürlich der Europaschnitt der gerundeten Karte für Bewohner Asiens und Amerikas. So bedeutet die Anwendung gerundeter Karten den Verzicht auf eine für die ganze Welt verbindliche Erdkarte.

The rounded grid (map 93) is intended to facilitate the conception of the earth as a ball. In fact, it makes orientation more difficult. Both arrows on map 94 point to the north. An expert may get along with the traced lines of the grid, but orientation on the same map without grid is impossible (map 95). The distortion of area on this (Winkel) global map is great: Map 96 suggests that Greenland is larger than the Arabian Peninsula, in fact it is the other way round (Greenland 2.3 million, Arabia 3.1 million square km). Looking at Europe on the American section (map 97) and on the Asian section (map 98), one recognizes that this map is unacceptable to Europeans. Likewise unacceptable is, of course, the European section of the rounded map to inhabitants of Asia and America. Thus, using rounded maps means abandoning a global map which has validity for the whole world.

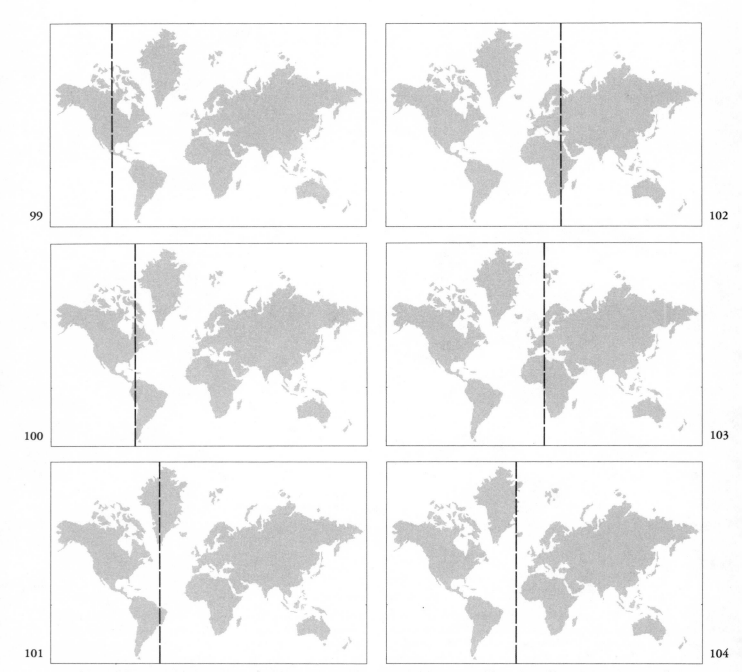

Karten 99–104: Der Nullmeridian wurde bisher willkürlich an einen beliebigen Ort der Erdoberfläche gelegt. Bis vor 100 Jahren hatten die meisten Völker eigene Orte dafür ausgewählt: die Mexikaner Mexiko-City (Karte 99), die Nordamerikaner Washington (Karte 100), die Brasilianer Rio de Janeiro (Karte 101), die Russen Pulkowa (Karte 102), die Franzosen Paris (Karte 103). Fast alle Seefahrer benutzten Karten mit dem Nullmeridian auf der Insel Ferro (Karte 104).

Maps 99–104: The zero meridian has been up to now arbitrarily laid at any place of the earth's surface. Until a hundred years ago most peoples had chosen places of their own: the Mexicans Mexico City (map 99), the North Americans Washington (map 100), the Brazilians Rio de Janeiro (map 101), the Russians Pulkowa (map 102), the French Paris (map 103). Almost all navigators used maps with the zero meridian on the Isle of Ferro (map 104).

Da die Lage neben der Größe die Grundaussage jeder Karte ist, so kommt der Lagebestimmung größte Bedeutung zu. Sie wird erfüllt durch die Beschreibung der Lage eines geographischen Punktes (Ortes) zu dem Koordinatensystem, das zu diesem Zwecke über den Globus gelegt und auf alle Karten übertragen wird (Kartennetz). Die geographische Breite eines Ortes ist bestimmt durch seine Entfernung vom Äquator. Der Äquator ist eine durch die natürliche Erdbewegung festgelegte Bezugsebene. Die Zählung der auf dem Globus gleichabständigen Breitenkreise beginnt deshalb am Äquator. Ihre Benennung erfolgt fortlaufend nach ihrer Entfernung vom Äquator, ist also in der Natur selbst begründet und deshalb niemals strittig gewesen.

Anders bei den Meridianen. Daß diese Längengrade von Pol zu Pol laufen, ist unstreitig, weil ebenfalls naturbedingt. Doch ist ihre Stellung und damit ihre Zählung und Benennung bis in unser Jahrhundert hinein umstritten gewesen. So, wie sich jedes Kulturland als in der Mitte der Welt gelegen fühlte, benannte es den durch seine eigene Haupt-Sternwarte laufenden Meridian als den Meridian Null, legte dann rund um die Erde in gleichen Abständen die übrigen Meridiane und hatte nun ein Bezugssystem, bei dem die Koordinaten der Welt in seinem Lande beginnen und nach rechts und links um die ganze Erde herum von dieser Grundlinie aus gezählt werden.

So hatten die Franzosen ihren Null-Meridian in Paris, die Dänen in Kopenhagen, die Portugiesen in Lissabon, die Russen in Pulkowa, die Norweger in Kristiania (Oslo), die Griechen in Athen, die Finnen in Helsingfors, die Nordamerikaner in Washington, die Mexikaner in Mexico-City, die Brasilianer in Rio de Janeiro, die Chilenen in Santiago und die Engländer in dem Londoner Vorort Greenwich, wo sich seit 1675 ihre Forschungsstätte für Astronomie und Navigation befand. Alle diese nationalen Null-Meridiane führten natürlich zu einem Wirrwarr, das einer weltweiten Zusammenarbeit der Kartographie hinderlich war, insbesondere, weil die Meridiane nicht nur überall anders benannt, sondern auch ganz verschieden gelegt wurden, damit der Null-Meridian stets mitten durch die eigene Hauptsternwarte ging. Der Seefahrt war indes schon früh die übernationale

If position and size are the basic messages carried by a map, then the definition of position is most significant. This definition is achieved by describing the location of a geographical point (a place) in relation to the system of co-ordinates which is applied to the globe and to all maps (the grid system).

The geographic latitude of a place is determined by its distance from the equator and the equator is a zone of reference dictated by the natural movement of the earth. The numbering of the equidistant parallels of latitude on the globe therefore begins at the equator and the denominations proceed consequentially from this reference zone. This system is based in nature itself and has thus never been controversial.

The picture is different where the meridians are concerned; that they should run from pole to pole is also natural and thus not controversial, but their position, numbering and nomination has been the subject of much argument right into our century.

Every land with its own culture felt itself to be at the centre of the world and naturally placed the zero meridian at the point on which its main astronomical observatory stood, the others being spread around the globe at equal distances. They thus created a reference system by which the global co-ordinates began in their own country and extended left and right of this line around the earth.

The French placed their zero meridian in Paris, the Danes theirs in Copenhagen, the Portuguese theirs in Lisbon, the Russians had theirs in Pulkowa, the Norwegians theirs in Oslo (Kristiana), the Greeks theirs in Athens, the Finns in Helsingfors, the Americans in Washington, the Mexicans in Mexico City, the Brazilians in Rio de Janeiro, the Chileans in Santiago and the British placed theirs in the London suburb of Greenwich where their research institute for astronomy and navigation had been since 1675.

All these national zero meridians led, naturally enough, to great confusion which hindered international cartographical co-operation not only because of the various zero meridians but also due to the fact that the numbers and names of meridians varied considerably from nation to nation.

For navigational purposes it soon became clear that international agreement was more important than national vanity and since 1634 most navigational

Verständigung wichtiger als die nationale Eitelkeit, und so bezogen sich seit 1634 die Seefahrerkarten meist auf Ferro, die westlichste der Kanarischen Inseln, wohin man den Null-Meridian damals gesetzt hatte, weil dieser Punkt unbedeutend genug war und so weit westlich von den damals allein bestimmenden europäischen Staaten lag, daß die Orientierung dorthin für alle akzeptabel war. So hatten fast alle Länder für ihre Seefahrerkarten den Null-Meridian in Ferro und für alle übrigen Karten am Orte der eigenen Hauptsternwarte, meist der Hauptstadt. Deutschland war eines der wenigen Länder, die sich keinen eigenen nationalen Null-Meridian geschaffen hatten – die deutschen Karten benutzten den Ferro-Meridian bis 1884 auch als Null-Meridian für ihre Landkarten. Auf der Berliner Konferenz für Gradmessung trat Deutschland 1884 leidenschaftlich für eine internationale Vereinheitlichung der Meridiane ein, konnte sich aber mit dem Vorschlag, alle Karten auf Ferro zu orientieren, nicht durchsetzen. Um zu einer Einigung zu kommen, stimmte Deutschland schließlich der Festlegung des englischen Greenwich-Meridians als international verbindlichen Null-Meridian zu. Die anderen Länder folgten nur zögernd diesem Beschluß von 1884.

Fragt man nach den Gründen dafür, warum gerade Greenwich verbindlicher Null-Meridian werden mußte, nach dem die ganze übrige Welt sich richten mußte, so liegt es nahe, danach zu forschen, ob dieser Meridian etwa vor anderen Punkten sachlich begünstigt war. Dies ist zweifellos nicht der Fall. Wenn einer der bereits festgelegten nationalen Null-Meridiane erwägenswert gewesen wäre, dann derjenige von Kopenhagen, weil sich bei ihm durch einen glücklichen Zufall der 180. Grad östlicher und westlicher Länge in der Beringstraße traf, sodaß der Null-Meridian in der Datumsgrenze eine natürliche Entsprechung gehabt hätte.

Die Wahl von Greenwich setzte voraus, daß man die Datumsgrenze streckenweise nach beiden Seiten des 180. Grades um jeweils fast 1000 Kilometer verschob, damit sie nicht durch Sibirien oder andere bewohnte Weltgegenden lief. Für die Wahl von Greenwich konnte nicht der Umstand sprechen, daß etwa die englische Kartographie in der Welt eine führende Rolle spielte – sie reichte nicht an die deutsche und französische Kartographie heran, alle ihre Anstrengungen waren glücklos. Allerdings hatten die

maps used Ferro (the westernmost of the Canary Islands) as their reference point and laid their zero meridian on this point. Ferro was chosen as being so insignificant that all the leading European nations of that time could accept it without loss of face. Almost all countries had a zero meridian in Ferro for navigational charts and for other maps a second zero meridian at the point of their own major observatories, which were usually in the capital cities.

Germany was one of the few countries which did not create its own national zero meridian; until 1884 German maps (for both navigational and non-navigational purposes) used the Ferro zero meridian.

At the international geographic conference in Berlin in 1884, Germany made a strong plea for the adoption of a universal grid system but her suggestion that Ferro be the point for the zero meridian was not accepted. In order to secure agreement, Germany then voted for the proposal that the international zero meridian be placed through Greenwich. The other participants were very slow in implementing the execution of this decision.

In examining the background for the selection of Greenwich, the question as to whether that place enjoyed genuine geographical advantages over other suggested locations must be examined. The answer is clearly – "no". If any of the existing national zero meridians were so favoured it was that of Copenhagen which, by pure chance, led to the 180° meridian being in the Bering Strait; this produced a natural relationship between the zero meridian and the international date line.

The choice of Greenwich meant that the international date line had to be distorted to either side by almost 1,000 km in order that it could avoid Siberia or other inhabited areas.

The claim that British cartographical supremacy led to this choice cannot be made – the standards of their work were below those of their French and German contemporaries – but they had achieved a step forward in the field of international standardization of navigational charts in the publication of their Nautical Almanac in 1767. All the charts in this work used a grid system with the zero meridian in Greenwich and could thus easily be compared to one another. In contrast to this, the Spaniards continued to use four separate zero meridians (Cadiz, Teneriffe, Cartagena and Paris) right up until the end

Engländer mit ihrem 1767 erschienenen Nautical Almanach eine Vereinheitlichung der Seekarten eingeleitet. Dazu gehörte auch, daß sie allen darin enthaltenen Karten den Null-Meridian von Greenwich zugrunde legten.

Während die Spanier noch bis Ende des 18. Jahrhunderts in ihrem Atlas maritimo vier Null-Meridiane nebeneinander gebrauchten (Cadiz, Teneriffa, Cartagena und Paris), hatten die Engländer durch Fixierung des Null-Meridians aller Seekarten auf Greenwich Vergleichbarkeit und Überschaubarkeit in ihren Seefahrer-Almanach gebracht. Im folgenden Jahrhundert schuf das Hydrographic Office das große englische Seekartenwerk mit fast 4000 (auf Green-

of the 18th century.

In the 19th century the Hydrographic Office produced the great British maritime atlas with almost 4,000 charts, all using Greenwich as the zero meridian. This formed the basis of British command of the seas.

It was this sober practicality which swung the decision as to the positioning of the zero meridian in 1884 in Britain's favour – it was certainly no accident that they held unequalled world power at that time. Following the conquest of Canada, India and Australia, Britain had established herself firmly in Singapore and Hong Kong from where she prepared for the long-term exploitation of the Far East. Large areas of

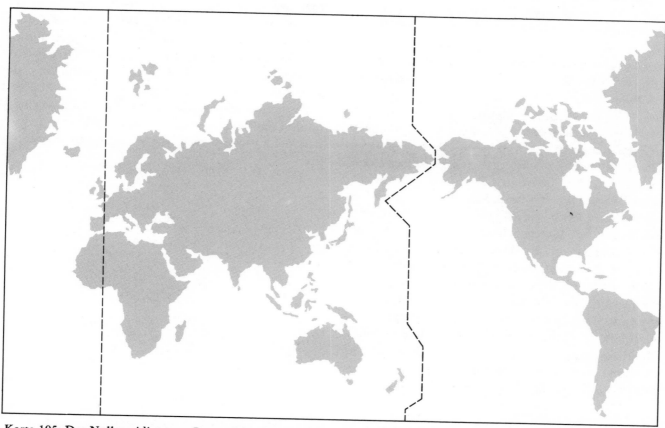

Karte 105: Der Nullmeridian von Greenwich war vor 100 Jahren auch nur einer von vielen nationalen Nullmeridianen. Auf der Höhe seiner Weltmacht konnte England 1884 die übrige Welt aber zur Anerkennung seines Nullmeridians bestimmen. Mit dieser Festlegung des Nullmeridians auf den Londoner Vorort Greenwich war aber auch die Fixierung der Datumsgrenze auf dem 180. Grad östlicher und westlicher Länge verbunden. Damit die Datumsgrenze keine Länder durchschneidet, wurde sie nach beiden Seiten hin streckenweise um fast 1000 Kilometer verschoben.

Map 105: The zero meridian of Greenwich was, a hundred years ago, only one of many national zero meridians. But at the climax of her world power England could, in 1884, compel the rest of the world to accept her zero meridian. Also connected with this fixing of the zero meridian on the London suburb Greenwich was the fixing of the international date line at 180 degrees of eastern and western longitude. To prevent the date line from cutting through countries it was shifted on both sides, in parts for almost 1,000 km.

wich orientierten) Karten, die wichtige Grundlage der englischen Seegeltung waren. Dieser nüchterne, praktische Sinn der Engländer war es wohl, der sich schließlich durchsetzte. Sicher war es auch kein Zufall, daß der englische Herrschaftsbereich in der Welt nicht seinesgleichen hatte, als man sich 1884 in Berlin für Greenwich entschied: Nach der Eroberung von Kanada, Indien und Australien hatte sich England in Singapur und Hongkong langfristig für die großangelegte Ausbeutung Ostasiens etabliert; große Teile Vorderasiens und Afrikas gehörten zu seinem Imperium, das ein Viertel der Erde beherrschte, also ein Territorium, das 150mal größer war als England selbst; gerade zwei Jahre vor dem Berliner Kongreß für Gradmessung hatte England mit der Eroberung Ägyptens den Schlüssel zum Seeweg in die indische, fernöstliche und pazifische Welt gewonnen. Und so war die Berliner Entscheidung für Greenwich anno 1884 verständlich in einer auf Macht und Herrschaft ausgerichteten Welt, die von Europa regiert wurde.

Wenn Greenwich heute in der Welt als der natürliche Ort für den Null-Meridian gilt, so ist dieser Mythos ein Relikt jenes europazentrischen Weltbildes, das in unseren Tagen endgültig zusammenbricht. Damit ist auch die Stunde gekommen, diesen durch nichts mehr gerechtfertigten Entscheid der europäischen Mächte für den Null-Meridian Greenwich zu überdenken. Und: Seit im Jahre 1953 die berühmte Sternwarte von Greenwich nach Herstmonceux bei Hailsham (also um 20 Minuten und 25 Sekunden in östlicher Richtung) verlegt wurde, ist der letzte Grund entfallen, der sich überhaupt noch für Greenwich vorbringen ließ, das jetzt nur noch ein Londoner Vorort ist wie hundert andere. So ist der Weg frei, um endlich auch einen natürlichen Ort für den Null-Meridian zu suchen, einen Ort, der mehr ist als ein Denkmal englischer Größe und Herrlichkeit aus der versinkenden Epoche europäischer Weltmacht.

the Middle East and Africa belonged to her empire, which covered a quarter of the globe and was thus over 150 times as large as Great Britain herself.

In 1882 she had secured the key to the short sea route to India and the Far East by her conquest of Egypt.

Seen in the context of a world ruled from Europe by a system of power politics, the decision in Berlin in 1884 to place the international zero meridian in Greenwich was quite understandable.

If Greenwich is still considered today to be the most natural position for the zero meridian, this merely represents the rump of the Eurocentric geographical world concept which now, at last, is crumbling away. The time has now come to reconsider this decision; in 1953 the famous observatory at Greenwich was moved to Herstmonceux near Hailsham, that is 20 minutes and 25 seconds to the east. The last reason for the retention of Greenwich as the zero meridian has thus vanished; the place is now just another London suburb.

The way is now finally clear to look for a natural location for the zero meridian; a place that is more than just a monument to the vanishing British Empire.

Mythos Nr. 10: Thematische Kartographie

Der alten Kartographie jüngster Mythos entstand in den sechziger Jahren unseres Jahrhunderts, als mit der Unabhängigkeit fast ganz Afrikas die Befreiung der Erde aus kolonialer Abhängigkeit praktisch abgeschlossen war und damit dem alten europazentrischen geographischen Weltbilde der Boden entzogen war. 1966 erschienen drei gewichtige Bücher über

Myth Number 10. Thematic Cartography

The newest myth of the old cartography was born in the 1960s when, with almost all of Africa achieving independence from their European masters, the carpet was finally pulled from under the traditional, Eurocentric world concept.

In 1966 three weighty books appeared on the same subject: thematic cartography. The authors (Werner

den gleichen Gegenstand: Thematische Kartographie. Werner Witt, Erik Arnberger und Herbert Wilhelmy lieferten dreimal das komplette Lehrgebäude für eine neue Disziplin, die sich als Teilgebiet der Kartographie verstand. Für ihre Abgrenzung gegen die allgemeine Kartographie wurde eine Kategorienlehre geschaffen, der eine Zweiteilung zugrunde liegt: „Im neueren kartographischen Sprachgebrauch ist die Unterscheidung von topographischen und thematischen Karten allgemein üblich geworden",[14] schrieb Witt 1966, obwohl der Begriff ‚thematische Karte' erst 1952 eingeführt worden ist. Hatte noch Eckert geschrieben: „Die topographische Karte ist letzten Endes immer Spezialkarte",[15] so erhob die neue Schule sie nun zur allgemeinen Grundkarte. Arnberger zählte nun dazu alle Karten, „welche einer Orientierung im Gelände dienen".[16] Mit dieser Definition wurden alle geographischen und chorographischen Karten den topographischen Karten zugeordnet. Damit war für die thematische Kartographie der Weg frei zum Abschütteln aller unhaltbaren Mythen der alten Kartographie. Entscheidend war dabei der endgültige Durchbruch der flächentreuen Karte. Unter Berufung auf die besonderen Gegebenheiten der thematischen Kartographie bekannte man sich grundsätzlich zur Unerläßlichkeit der richtigen Wiedergabe aller Größenverhältnisse der Erdoberfläche auf der Kartenebene: Für Boesch ist „die Verwendung von nichtflächentreuen Projektionen, und wären sie geographisch noch so befriedigend, unzulässig".[17] Damit war die neue Position der Schulkartographie klar: Mochten die allgemeinen geographischen Karten sich mit den alten flächenverzerrenden Projektionen herumschlagen – die moderne thematische Karte, deren Inhalt über die ‚Orientierung im Gelände' hinausging, benutzte flächentreue Karten. Der entscheidende Schlag gegen das an Mercator orientierte europazentrische Weltbild war damit aus dem sachlichen Bedürfnis des Kartographen legitimiert. Aber der Preis für diesen halben Sieg war die Spaltung der Kartographie in zwei unterschiedliche Teile, die nach verschiedenen Gesetzen ihre Karten erstellen. Und damit war dieser halbe Sieg im Ringen um ein neues Weltbild mit paritätischer Darstellung aller Länder und Kontinente auch schon die halbe Niederlage. Denn solange die alten Projektionen für die allgemeinen geographischen Karten in Gebrauch blieben, griff auch die Thematische Kartographie immer wieder

Witt, Erik Arnberger und Herbert Wilhelmy) each produced a complete set of teachings for a new discipline which was to form part of cartography.

In order to differentiate this new teaching from the rest of the science, a categorization was formulated to justify the division: "In recent cartographic usage it has become accepted that one talks of topographic and thematic maps"[14], wrote Witt in 1966 (even though the term 'thematic map' had only been introduced in 1952). Eckert wrote: "The topographic map is essentially a special map".[15] But this new school of thought elevated it to a general status. Arnberger included in this category all maps "which aid orientation on land".[16]

With this definition all geographic and chorographic maps became topographic maps, and the way was thus free for thematic cartography to abandon all the untenable myths of traditional cartography. A decisive factor in this process was the final emergence of maps with fidelity of area.

With reference to the characteristics of thematic cartography, map makers were now able to admit the vital need to reproduce correctly all properties of the relative sizes of details on the earth's surface on the map.

According to Boesch "The use of projections with no fidelity of area is inadmissible, no matter how geographically pleasing they are".[17]

Thus the situation concerning school maps was clear; the traditional geographical map could try to cope with the old distortion of area; the modern thematic map – whose aim was more than just 'to aid orientation on land' – would use a projection having fidelity of area. The decisive blow to Mercator's projection was thereby legitimized on the basis of the factual needs of the cartographer.

This semi-victory claimed its price however; it has split cartography into two parts each of which produces maps according to different rules. The semi-victory is thus a semi-defeat because as long as Mercator's projection continues to be used for general maps, thematic cartography will continue to refer to it.

Eduard Imhof, author of one of the most important works on thematic cartography, produced half the 18 global maps in his "Swiss Secondary School Atlas"[18] by use of projections with fidelity of area, the others by means of Mercator's projection, even though he

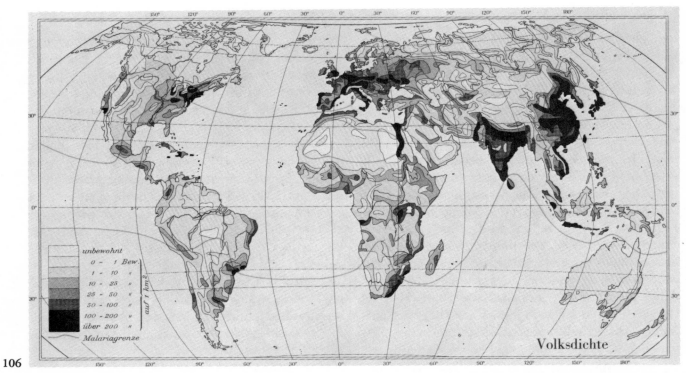

Eduard Imhof veröffentlichte in seinem „Schweizerischen Mittelschulatlas" 18 Erdkarten, davon neun flächentreue Karten für Aussagen über Mensch–Kultur–Wirtschaft (Karte 106) und neun Karten, die achstreu und lagetreu sind, für Aussagen über Klima–Zeit–Vegetation (Karte 107). Da seiner flächentreuen Karte Achstreue und Lagetreue fehlen und andererseits seine achs- und lagetreue Karte nicht flächentreu ist, war er auf dieses irritierende Nebeneinander von zwei verschiedenen Kartenbildern angewiesen.

In his 'Schweizerischer Mittelschulatlas' Eduard Imhof published eighteen global maps, nine of them with fidelity of area for information on humanity, culture, and economics (map 106), and nine maps with fidelity of axis and position for information on climate, time, and vegetation (map 107). Since his map with fidelity of area has no fidelity of axis and position, and, on the other hand, his map with fidelity of axis and of position has no fidelity of area, he had to depend on this irritating coexistence of two different cartographic representations.

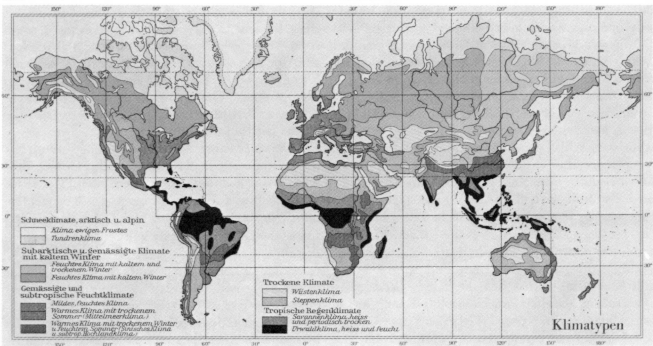

auf sie zurück. So brachte der Verfasser eines der bedeutendsten Werke über die Thematische Kartographie, Eduard Imhof, in seinem ‚Schweizer Mittelschulatlas‘[18]) die Hälfte seiner 18 Erdkarten in flächentreuer Projektion, die andere Hälfte aber in der Mercatorprojektion, obwohl er selbst schrieb, „für politisch-territoriale Karten, für statistische Karten aller Art, für Dichte- und Verbreitungskarten, für weltumspannende Verkehrsnetze usw. ist die Mercatorkarte unbrauchbar".[12])

So stehen mit den beiden Sorten Kartographie sich auch zwei Sorten Karten gegenüber. Wie soll der Schüler, der in seinem Schweizer Mittelschulatlas neun rechteckige Erdkarten in der Mercatorprojektion und neun gerundete flächentreue Erdkarten bunt gemischt nebeneinander findet, die Erde zeichnen? Gewiß wird er sich an die allgemeinen geographischen Karten halten, deren rechtschnittiges Mercatornetz sich auch leichter zeichnen läßt, – und damit prägt das alte Kartenbild der Erde trotz der verbalen Bekenntnisse der thematischen Kartographie zur Flächentreue weiterhin das geographische Weltbild der jungen Generation.

Entscheidend ist, daß die Einrichtung einer eigenen thematischen Kartographie neben der allgemeinen geographischen unhaltbar ist. Diese Erkenntnis hatte Max Eckert schon 1921, als die für diese Art von Karten geprägte Bezeichnung ‚angewandte Karten‘ sich verbreitete: „Der Ausdruck ‚angewandt‘ will mir eigentlich nicht recht zusagen, da es spezielle angewandte Karten nicht gibt, denn jede Karte ist schließlich eine angewandte Karte." Setzt man für die von Siegfried 1879 geprägte Bezeichnung ‚angewandte‘ das von Creutzburg 1952 auf dem Stuttgarter Kartographentag eingeführte Wort ‚thematisch‘, so haben wir die auch heute noch nicht überholte Absage eines unserer bedeutendsten Kartographen an die Installation einer eigenen Disziplin ‚Thematische Kartographie‘, die in Wahrheit nicht einmal ein selbständiges Teilgebiet der allgemeinen geographischen Kartographie sein kann.

Als Attribut zum Worte „Karte" kann das Wort ‚thematisch‘ nichts anderes bedeuten, als daß sich diese Karte streng an den von ihr darzustellenden Inhalt, ihr Thema, hält. Das tut aber jede gute Karte, ganz gleich, ob ihr Inhalt allgemein geographisch ist, oder ob es sich um eine spezielle (‚thematische‘) Kartenaussage handelt. Und: Auch jede ‚the-

himself wrote: "Mercator's map is useless for political-territorial, statistical or global traffic maps or for maps showing densities or distributions".[12]

The two schools of cartography thus confront one another each with their own maps. How should the student in a Swiss secondary school draw a map of the world when confronted by a random mixture of nine rectangular Mercator maps and nine rounded maps (with fidelity of area) in his atlas?

Almost certainly he will turn to Mercator's general geographical map with its square grid system which makes it easier to draw. In this manner the old projection will still dominate the world concept of the younger generation despite the verbal aim of the thematic cartographical school to provide instructional global maps with fidelity of area.

It is of prime importance to recognize that the existence of thematic cartography alongside the general geographical school is inadmissible. This was recognized by Max Eckert in 1921 when the name "applied maps" began to become popular for describing this type of production: "The expression 'applied' does not really convey anything to me as there are no specifically applied maps – all maps are applied maps."

The term "applied" was coined in 1879 by Siegfried; if we substitute for it the word "thematic", which was introduced by Creutzburg in 1952 in the Stuttgart Cartographic Congress, the situation is the same and Max Eckert's judgement (and he is one of our most significant cartographers) is still valid: there is no place for 'Thematic Cartography' as a distinct discipline – it is not even a subdivision of general geographical cartography.

In connection with the word 'map', 'thematic' means purely that the map derives its form by adhering strictly to the portrayal of its content – its theme.

But every good map does this, whether its content is the expression of a general geographic or of a special ('thematic') nature.

Every 'thematic' map requires a geographical basis, without which it would be useless for orientational

101

matische' Karte bedarf der geographischen Grundaussage, ohne die eine Orientierung auf ihr nicht möglich ist; ja, diese geographische Grundaussage macht aus einem viereckigen Stück bedrucktem Papier überhaupt erst eine Karte. So ist die Absonderung einer ‚thematischen Kartographie' und ihre Abgrenzung oder gar ihre Entgegensetzung gegen die allgemeine Kartographie nichts als der jüngste kartographische Mythos.

purposes. It is this geographic basis which makes a map out of a piece of printed paper and this is why it is an error to attempt to create or segregate 'thematic cartography' or to hold it in contradistinction to general cartography.

RESÜMEE

Unser geographisches Weltbild ist falsch, es beruht auf einem kartographischen Lehrgebäude aus Halbwahrem, Unnützem und Schiefem. Diese Irrtümer haben sich zu einer Mythologie gefügt. Die Summe aller dieser Mythen war Voraussetzung jenes einen großen Mythos, den sie bis in unsere Epoche erhalten haben: des Mythos von dem in der Mitte der Welt stehenden, die Welt beherrschenden Europa. Die Richtigstellung dieser Irrtümer schafft noch keine neue Kartographie – aber ehe sie nicht aus dem Wege geräumt sind, kann das überfällige neue geographische Weltbild der Gegenwart nicht geschaffen werden. Im einzelnen geht es um folgende Klarstellungen:

Es gibt keine Winkeltreue. Die allgemeinen Kartenqualitäten der Achstreue und Lagetreue gilt es zu erhalten. Diese Qualitäten sind mit der unverzichtbaren Grundqualität einer Karte, der Flächentreue, vereinbar und sollten zusammen mit ihr jedem allgemeinen Kartennetz zu eigen sein. Kartennetze ohne diese drei mathematischen Qualitäten sind unbrauchbar, also auch alle Karten mit gerundetem Netz. Deshalb bedarf es keiner Projektionslehre und keiner Indikatrix, sondern einer einzigen universell anwendbaren Projektion, die für die Darstellung der ganzen Erdoberfläche wie für jeden beliebigen Ausschnitt unter Erhaltung der drei mathematischen Grundqualitäten die geringste Verzerrung aufweist. Dabei ist es unzweckmäßig, gerade die Äquatorialzone unverzerrt zu lassen. Da es keine Entfernungstreue gibt, sind alle bisherigen Maßstabs-Angaben falsch und müssen durch richtige ersetzt werden. Der Null-Meridian ist im Gegensatz zu Äquator und Pol kein natürlich vorgegebener Ort, doch darf er auch nicht in Green-

SUMMARY

Our geographical world concept is wrong; it is the product of cartographical teachings consisting of half truths, irrelevancies and distortions. These deficiencies have developed into a mythology, the sum of which was the basis for the great myth which still exists today: that Europe dominates the world from a central position on the globe.

The correction of these deficiencies has not yet produced a new cartography but until they have been banished from the world it will be impossible to create the long-overdue, corrected global world concept.

In detail we are concerned with the following clarifications:

There is no fidelity of angle. The general cartographic qualities of fidelity of axis and of position which at present are wrongly included under this heading must be maintained as they are compatible with that most vital map quality, fidelity of area, and should be incorporated into every map grid system. Grid systems lacking these three mathematical qualities or those of rounded shape are unusable.

This demands that there should be no school of projectional teaching and no indicatrix but a single projection of universal applicability, which can be used to represent the entire global surface or any desired section of it with minimum distortion whilst retaining the three aforementioned mathematical qualities.

It is also unnecessary to retain minimum distortion along the equatorial zone.

As there is no fidelity of distance, all previously quoted map scales are wrong and must be replaced by correct ones.

wich bleiben, wohin ihn die mächtigste europäische Kolonialmacht willkürlich gelegt hat; er muß an einen objektiv zureichenden Ort verlegt werden. Für thematische Karten gelten die gleichen Anforderungen wie für geographische, topographische und chorographische Karten; die für sie besonders erarbeiteten neuen Erkenntnisse und Gestaltungsweisen müssen der ganzen Kartographie nutzbar gemacht werden.

In contrast to the equator and the poles, the zero meridian has no naturally designated position but it should not remain in Greenwich – where it was placed by the greatest European colonial power – but should be objectively resituated in the most suitable position.

Thematic maps are subject to the same requirements as their geographic, topographic and chorographic fellows; the newly-developed knowledge and methods of portrayal especially developed for them must be made applicable for cartography as a whole.

DIE NEUEN KARTOGRAPHISCHEN KATEGORIEN

Die Menschheit tritt ein in das Zeitalter der Wissenschaft. Angesichts der allgemeinen Bedeutung des geographischen Weltbildes kann die Kartographie nicht in ihrem vorwissenschaftlichen Stande verharren, ohne die Bewußtseinsbildung und damit die historische Entwicklung insgesamt zu hemmen.

Drei Forderungen muß die Kartographie erfüllen, um selbst Wissenschaft zu werden:

1. Exaktheit
2. Systematik
3. Objektivität

Alle Kartographie beginnt mit dem Kartennetz, und wenn ‚richtig verstanden die Karte schon die ganze Geographie‘ ist (Paschinger)[19], kann man getrost sagen, daß, richtig verstanden, die Projektion schon die ganze Karte ist. Die Geschichte des geographischen Weltbildes hat uns darüber belehrt, daß jede grundlegende Zäsur seiner kartographischen Ausprägung sich in einer neuen Projektionsweise niederschlug. Auch für unsere eigene Epoche haben wir erkannt, daß deren anachronistisches europazentrisches Weltbild seine Ursache in dem jahrhundertelangen Festhalten an der Konzeption eines überholten Kartennetzes hat, für dessen Konservierung eine ganze kartographische Mythologie geschaffen wurde.

KATALOG DER ERREICHBAREN KARTENQUALITÄTEN

Am Anfang der Neuen Kartographie steht also das Kartennetz. Wir müssen davon ausgehen, daß bei der Übertragung des Kugelmantels der Erde auf die Kartenebene drei Qualitäten des Globus verlorengehen:

THE NEW CARTOGRAPHIC CATEGORIES

The world is entering the age of science. In view of the general significance of the geographical world concept, cartography cannot be allowed to fossilize in its pre-scientific state as this will inhibit the formation of awareness and thus of historic development.

Cartography must fulfil three requirements in order to qualify as a science:

1. Exactitude.
2. System.
3. Objectivity.

All cartography begins with the map grid system and if it is true that "correctly interpreted, the map is all of geography" (Paschinger),[19] then one can certainly say that "correctly interpreted, the projection is the entire map". The history of the geographical concept of the world shows us that every basic pause in its cartographical expression gave rise to a new projection method.

In our own age we have come to recognize that the anachronistic, Eurocentric world concept has its roots in the centuries-long retention of an outdated map grid system, in defence of which an entire cartographical mythology was created.

A CATALOGUE OF THE ATTAINABLE MAP QUALITIES

The foundation of the new cartography is the grid system. We must assume that in the process of transferring details from the globe's curved surface to a flat map, three qualities of the global representation are

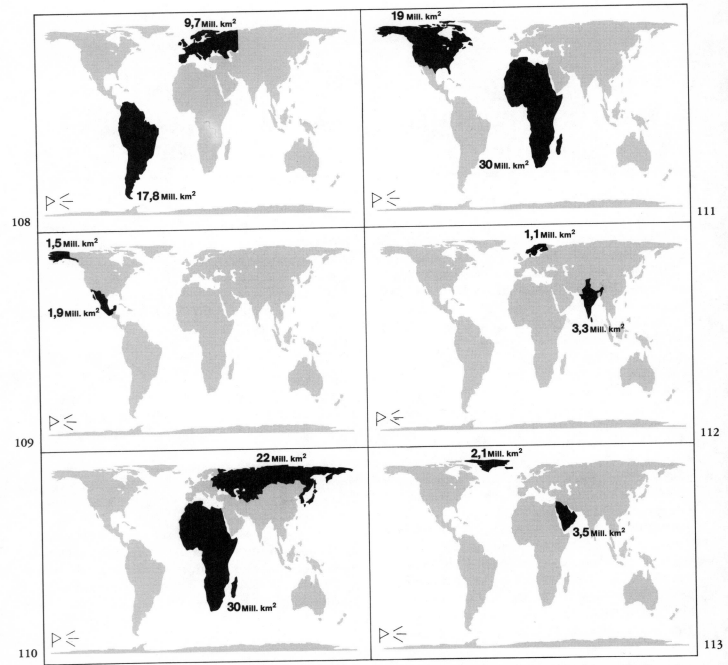

Karten 108–113: Flächentreue ist für jede Karte die erste und entscheidende Qualität. Sie macht alle Länder, Kontinente und Meere unmittelbar vergleichbar, ist Ausdruck der Gleichrangigkeit und Gleichwertigkeit aller Völker und Staaten und ist unabdingbare Voraussetzung für die Objektivität einer Karte. Ein Vergleich der hier abgebildeten flächentreuen Erdkarte in ihren sechs Ausprägungen mit den analogen nicht-flächentreuen Karten 58–63 auf Seite 62 zeigt die Unhaltbarkeit nicht-flächentreuer Karten im Zeitalter der Wissenschaft.

Maps 108–113: Fidelity of area is for every map the prime and decisive quality. It makes it possible directly to compare countries, continents, and seas; it is an expression of equality of rank and value of all peoples and nations; and it is an indispensable premise for the objectivity of a map. A comparison of the map with fidelity of area, here reproduced in its six shapes, with the analogous maps that have no fidelity of area, on page 62, demonstrates the untenability of maps without fidelity of area in the age of science.

Formtreue, Entfernungstreue, Winkeltreue. Daraus folgt, daß es eine Übereinstimmung zwischen Erdoberfläche und Kartenbild nicht geben kann. Am klarsten hat das 1951 Balser gesagt: „Karten können als ebene Bilder der Kugeloberfläche niemals dem Urbild ähnlich sein."[20]) Wenn wir ungeachtet dieser betrüblichen, aber unumstößlichen Gegebenheit Karten der Erde und ihrer Teile anfertigen, ist es fair, den Benutzern der Karten das zu sagen. Sie werden dann nach dem Globus greifen, wenn sie sich über Formen, Entfernungen oder Winkel unterrichten wollen – und sie werden wissen, daß diese Informationen von keiner Karte richtig abgelesen werden können. Aber der Kartenbenutzer muß auch wissen, welche Kartenqualitäten bei der Verebnung der kugelförmigen Erdoberfläche erhalten werden können, damit er sich nach Möglichkeit solcher Karten bedient, die diese Qualitäten besitzen. Der folgende Katalog enthält die fünf entscheidenden mathematischen Qualitäten und die fünf wichtigsten Qualitäten praktisch-ästhetischer Art, deren Bedeutung nicht geringer ist:

lost: fidelity of shape, fidelity of distance and fidelity of angle. From this is clear that there can be no congruency between the globe and a map. Balser formulated this most clearly in 1951: "Maps, as flat pictures of the globe's surface, can never resemble the original".[20]

If, despite this dissimilarity between the surface of the globe and the map, we persist in producing global maps, it is only fair to state this to the user of the map. If they wish to be informed about shapes, distances or bearings they will turn to the globe as they will know that no map can portray these things accurately.

The user of a map should also know however, which qualities can be retained when mapping the globe's surface and which maps are capable of retaining them.

The following catalogue contains the five decisive mathematical qualities and the five most vital utilitarian aesthetic qualities which are of no less significance.

1. Flächentreue

Eine Karte, auf der zwei beliebige Flächen sich zueinander so verhalten wie auf der Erdoberfläche, ist flächentreu. Mathematisch ausgedrückt: ‚Die Flächenverzerrung ist gleich Null.' (Mehrsprachiges Wörterbuch kartographischer Begriffe.)[6]) Diese naturgetreue Wiedergabe der Flächenverhältnisse ist eine für jede Karte unentbehrliche Eigenschaft. Nur sie ermöglicht eine wahrheitsgemäße Unterrichtung über die tatsächlichen Größenverhältnisse der Erde. Da Lage und Größe die Grundinformationen einer Karte sind, muß Flächentreue unabhängig von ihrem Inhalt jeder Karte zu eigen sein. Lange, bevor 1805 die Flächentreue als Kartenqualität erkannt wurde, gab es flächentreue Karten, so die von Stab-Werner (1514), Sanson (1650) und Bonne (1752). In einem Zeitschriften-Aufsatz über die nach Rigobert Bonne benannte (200 Jahre vor ihm bereits von Guillaume de Testy benutzte) Projektion hat H. C. Alber 1805 die Flächentreue dieser Karte erkannt und beschrieben.[21]) Ein Jahr später wurde sie von Mollweide in der gleichen Zeitschrift mathematisch bewiesen.[21]) Damit war die Flächentreue als Karteneigenschaft auf-

1. Fidelity of Area

A map on which any two selected areas are in the same proportion to one another as they are on the globe has this quality. Expressed mathematically: "The area distortion is equal to zero" (Multilingual Dictionary of Technical Terms in Cartography)[6]. This ability faithfully to reproduce the natural relationships of areas is an essential quality for every map; only with this property can the real proportion of the sizes of various continents of the earth be achieved. As position and size are the basic messages which a map must carry, fidelity of area must be present regardless of what message the map is expressing.

Fidelity of area was first defined as a map quality in 1805 but long before this maps embodying this virtue had been produced; examples of these are Stab-Werner's of 1514, Sanson's of 1650 and Bonne's of 1752. It was in a newspaper article of 1805 that H. C. Albers first defined the property of area fidelity when describing the so-called Bonne Projection (after Rigobert Bonne) which had in fact been used 200 years before Bonne by Guillaume de Testy.

In 1806, this quality was proved mathematically

gefunden und definiert. Wie ein Mensch, der zeitlebens Prosa gesprochen hat, ohne zu wissen, was Prosa ist, hatten also die besten Kartographen seit Beginn der Neuzeit flächentreue Karten geschaffen, ohne um diese wichtigste Qualität ihrer Karten zu wissen, und das Ringen um die Flächentreue begann erst im vergangenen Jahrhundert. Nichtflächentreue Karten verstoßen gegen die Forderung der Exaktheit, weil sie gleich große Gebiete der Erdoberfläche in verschiedener Größe abbilden; sie verstoßen gegen die Forderung der Systematik, weil sie die verschiedenen Teile der Erde in verschiedenen Maßstäben darstellen und so ihre Vergleichbarkeit verhindern; und sie verstoßen gegen die Forderung der Objektivität, weil sie

(in the same newspaper)[21] by Mollweide; fidelity of area had been discovered and defined as a map quality. Like a man who had spoken prose all his life without knowing what prose was, so the best cartographers since the beginning of history had produced maps with fidelity of area without knowledge of this, the most vital quality of their maps. The controversy over fidelity of area thus began only in the 19th century. Maps lacking this quality offend against the rules of Exactitude because they distort relative shapes on the global surface. They offend against the rules of System because they represent various parts of the globe in different scales and thus obscure comparisons. They offend against the rules

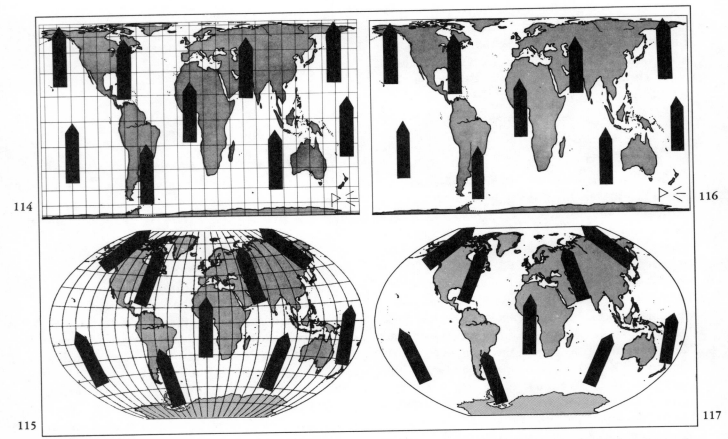

Karten 114–117: *Achstreu* ist eine Karte, wenn über jedem beliebigen Kartenpunkt die Nordrichtung genau senkrecht nach oben zeigt (Karte 114). Auf nicht-achstreuen Karten ist die Nordrichtung von jedem Punkt der Karte aus verschieden (Karte 115), die Orientierung ist erschwert. Bei Fortfall des Gradnetzes wird auf der nicht-achstreuen Karte jede Orientierung unmöglich (Karte 117); die Überlegenheit der achstreuen Karte wird dann besonders deutlich (Karte 116).

Maps 114–117: A map has *fidelity of axis* when the northward direction from any point on the map points exactly vertically upward (map 114). On maps that have no fidelity of axis the direction to the north is different at different points on the map (map 115); orientation becomes more difficult. If there is no grid, orientation on a map without fidelity of axis is impossible (map 117); the superiority of the map with fidelity of axis is then especially clear (map 116).

die in unserer Epoche unabweisbar gewordene paritätische Darstellung aller Länder der Erde verunmöglichen.

2. Achstreue

Eine Karte, auf der über jedem beliebigen Punkte alle nördlich davon gelegenen Punkte genau senkrecht darüber abgebildet sind (wie alle südlich davon gelegenen Punkte genau senkrecht darunter), ist achstreu.[22] Diese naturgetreue Wiedergabe der Nord-Süd-Richtung ermöglicht eine unmittelbare Orientierung und ist deshalb eine unverzichtbare Kartenqualität. Auch die Eintragung der Zeitzonen in eine Karte erfordert deren Achstreue. Diese Kartenqualität fand sich bereits in der Erdkarte des Eratosthenes vor 2200 Jahren, dann bei Marinos von Tyros, später bei Al Karismi und endlich bei Mercator – also immer dort, wo die vorwärts weisenden Grundlagen eines neuen geographischen Weltbildes geschaffen wurden. In keinem Atlas und auf keiner Wandkarte der letzten vierhundert Jahre findet sich (außer auf der Mercatorkarte) ein achstreues Kartennetz. So ist das Festhalten an der achstreuen Mercatorkarte bis in unsere Epoche hinein auch Ausdruck der Unentbehrlichkeit dieser, von der bisherigen Kartographie nicht einmal als eigene mathematische Qualität erkannten Kartenqualität. Nicht-achstreue Karten verstoßen durch ihre falsche Wiedergabe der Nord-Süd-Richtung gegen die Forderung der Exaktheit.

3. Lagetreue

Eine Karte, auf der alle vom Äquator gleich weit entfernten Punkte auf einer parallel zum Äquator verlaufenden Geraden abgebildet sind, ist lagetreu.[22] Diese Qualität beinhaltet die waagerechte Abbildung der Ost–West-Richtung auf der ganzen Karte und vollendet die durch Achstreue geschaffene leichte Orientierung. Indem sie die Orte gleicher Sonneneinstrahlung auf einer Waagerechten darstellen, ermöglichen lagetreue Karten die direkte geistige Zuordnung klimatisch zusammengehöriger Gebiete. Weil letztlich alle Karteninhalte in engerer oder fernerer Beziehung zum Klima stehen, ist Lagetreue eine grundlegende allgemeine Kartenqualität, deren Unentbehrlichkeit durch die Forderungen der Exaktheit

of Objectivity because they frustrate the equitable representation of all the countries on earth which is required in our era.

2. Fidelity of Axis

A map has this quality if all points, which on the globe lie north of any selected reference point, lie exactly vertically above it and all points to its south lie exactly vertically below it.[22]

This true-to-nature reproduction of the north–south axis directly aids orientation and is thus an indispensable map quality. Fidelity of axis is also essential if time zones are to be entered accurately on the map.

It was present in the maps of Eratosthenes 2,000 years ago, in those of Marinos of Tyre, later in that of Al Karismi, and finally in those of Mercator; that is to say always when a truly progressive development was reached. There is no new grid system with fidelity of axis to be found on any wall map or in any atlas produced within the last four hundred years and this has led to the retention of Mercator's projection to this day. It is remarkable that recent cartography did not see fit even to recognize fidelity of axis as a map quality – practice has shown it to be essential.

Maps which lack fidelity of axis offend against the rules of Exactitude.

3. Fidelity of Position

A map on which all points which exist at an equal distance from the equator are portrayed as lying on a line parallel to the equator has fidelity of position.[22] This quality ensures the correct horizontal (east–west) reproduction of the surface of the globe and complements fidelity of axis in facilitating easy orientation.

Maps with this quality also enable the reader of a map to gain easily the correct impression of climatic zones.

As all contents of a global map are more or less connected to climatic conditions, fidelity of position is a general and basic map quality which is demanded to fulfil the requirements of Exactitude and Objectivity. Fidelity of position and fidelity of axis require

und der Objektivität bedingt ist.

Lagetreue und Achstreue bedingen ein rechtwinklig sich schneidendes (orthogonales) Gradnetz, das auch den Forderungen der Computerkartographie entspricht.

a rectangular (orthogonal) grid which also meets the demands of computer cartography.

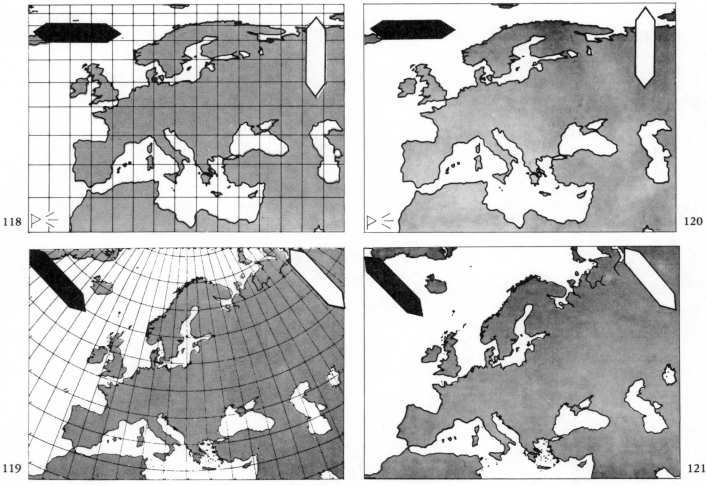

Karten 118–121: Auch die Bedeutung der *Lagetreue* wird in der Gegenüberstellung mit nicht-lagetreuen Karten deutlich: Auf der lagetreuen Karte (Karte 118) ist die Ost-West-Richtung auf jedem Punkt der Karte genau waagerecht wiedergegeben (schwarzer Pfeil) und steht überall genau im rechten Winkel zur Nord-Süd-Richtung (weißer Pfeil). Auf der nicht-lagetreuen Karte (Karte 119) ist die Ost-West-Richtung (schwarzer Pfeil) von jedem Punkte der Karte aus verschieden und steht stellenweise parallel zur Nord-Süd-Richtung der gleichen Karte (weißer Pfeil). Der Fortfall des Gradnetzes führt bei Karten ohne Lagetreue zur völligen Desorientierung (Karte 121). Für moderne Atlanten, die auf das Gradnetz verzichten (wie die Atlanten von Bordas, RoRoRo, Panbook, Plutopress, dtv-Geschichtsatlas), wird Lagetreue neben Achstreue schon für die Orientierung zu einer unverzichtbaren Kartenqualität (Karte 120).

Maps 118–121: The importance of *fidelity of position comes* out clearly in a comparison with maps that have no fidelity of position. On the map with fidelity of position (map 118) the east-west direction is at any point of the map exactly horizontal (black arrow) and forms everywhere exact right angles with the north-south direction (black arrow). On the map without fidelity of position (map 119) the east-west direction (black arrow) is different at every point of the map and sometimes runs parallel to the north-south direction of the same map (white arrow). When there is no grid, maps without fidelity of position lead to complete disorientation (map 121). For modern atlases which do without any grid (like the atlases by Bordas, RoRoRo, Panbook, Plutopress, dtv Historical Atlas), fidelity of position, beside fidelity of axis, becomes, even for reasons of orientation, an indispensable cartographic quality (map 120).

4. Maßstabstreue

Eine Karte, die zahlenmäßig das exakte Verhältnis der Abbildung (Karte) zum Urbild (Erde) nennt, ist maßstabstreu. Ein Längenmaßstab scheidet grundsätzlich aus, weil er nur einen ungefähren Maßstabsanhalt geben kann. Einen Flächenmaßstab aber kann es nur auf einer flächentreuen Karte geben. Deshalb setzt Maßstabstreue die Qualität der Flächentreue voraus, so daß erst die Neue Kartographie durch ihre Absolutsetzung der Flächentreue die Maßstabstreue als allgemeine Kartenqualität ermöglicht. Die Maßstabsangabe kann auf verschiedene Weise erfolgen:

4. Fidelity of Scale

A map which reproduces the original (the surface of the globe) with quantifiable accuracy has this virtue.

A scale of distances cannot be accepted because it has only very limited application; a scale of area can only be found on a map with fidelity of area and this fidelity of area is essential for fidelity of scale. This has only been achieved by the new cartography which recognized the absolute nature of fidelity of area.

Indications of scale may occur in the following manner. If one wishes to express the relationship of

Karten 122–123: Die Bedeutung der *Lagetreue* für die Klima-Aussage einer Karte zeigt die lagetreue Westeuropakarte (Karte 122). Die Ost-West-Richtung (Pfeilrichtung) ist genau waagerecht und verläuft parallel zum Äquator. Anders auf der nicht-lagetreuen Karte, wie sie in Atlanten und Schulwandkarten bis heute gebräuchlich ist (Karte 123). Will etwa ein Nordeuropäer im Sommer so weit als möglich nach Süden reisen, würde er sich nach dieser nicht-lagetreuen Karte für Sizilien entscheiden. Nach der lagetreuen Karte (Karte 122) wird er dagegen Südspanien vorziehen, das tatsächlich etwas näher am Äquator liegt, wie man von einer lagetreuen Karte unmittelbar ablesen kann.

Maps 122–123: The importance of *fidelity of position* for a map that gives information on climate is shown on the map of Western Europe that has fidelity of position (map 122). The east-west direction (arrow) is exactly horizontal and runs parallel to the equator. This is different with maps that have no fidelity of position as they have been used in atlases and on wall-maps for schools until today (map 123). A North European who in summer would like to travel south as far as possible would choose Sicily if he looks at this map with no fidelity of position. Looking at a map with fidelity of position (map 122) he would prefer Southern Spain which is in fact somewhat nearer to the equator, as can immediately be seen on a map with fidelity of position.

Will man die Beziehung von Teilen der Karte mit den entsprechenden Teilen der Erdoberfläche zum Ausdruck bringen, so empfiehlt sich die Nennung der Beziehung eines genügend kleinen Kartenteils zur Wirklichkeit (etwa „1 Quadratzentimeter auf der Karte entspricht 75.000 Quadratkilometern in der Natur"). Eine abstrakte Zahlenangabe (wie ‚Flächenmaßstab 1:75 000 000‘) ist noch weniger geeignet, eine anschauliche Vorstellung der Beziehung von Karte und Wirklichkeit zu vermitteln, als dies beim Entfernungsmaßstab der Fall war. Will man die Be-

a part of the map to a part of the globe, it suffices to nominate the relationship of a sufficiently small part of the map (e.g. 1 square centimeter on the map equates to 75,000 square km on the globe). Compared with this the abstract equations such as "Scale 1:75,000,000" are less likely to awaken a realisation of the relationship.

If one wishes to convey an impression of how much of the globe appears on a map, a fractional index is perhaps better: e.g. "The map shows $\frac{1}{25}$ of the surface of the earth".

Karte 124: Das Satellitenfoto von Westeuropa, wie es täglich mit der Wettervorhersage im Deutschen Fernsehen zu sehen ist, zeigt Spanien in seiner richtigen geographischen Lage, die genau der Wiedergabe auf der *lagetreuen* Karte 122 entspricht. Auch daß Sizilien weniger äquatornahe liegt als die Südspitze Spaniens, ist hier klar erkennbar.

Map 124: The satellite photo of Western Europe, as it can be seen every day in the weather forecast on German television, shows Spain in its correct geographical position which corresponds exactly to the position on the map with fidelity of position (122). It can also be clearly seen that Sicily is not so close to the equator as the southern tip of Spain.

ziehung zwischen dem ganzen auf einem Kartenblatt dargestellten Teil der Erde zum Erdganzen ausdrücken, so legt sich die Bruchteil-Angabe nahe (etwa: ,Die Karte zeigt 1/25 der Erdoberfläche'). Alle drei beschriebenen Maßstabsangaben sind exakt; sie können auch nebeneinander auf einer Karte stehen. Nur diese, auf der Flächenrelation von Karte und Urbild (Erdoberfläche) beruhenden Maßstabsbezeichnungen erfüllen die Forderung der Exaktheit.

Die Unabdingbarkeit der allein richtigen Flächenmaßstabsangabe auf einer Karte schließt nicht aus, daß daneben aus praktischen Gründen mittlere Entfernungsmaßstäbe genannt werden, wenn diese als ungefähre oder durchschnittliche Maßstabsangaben gekennzeichnet sind.

5. Proportionalität

Eine Karte, deren Längenverzerrung am oberen Kartenrande genau so groß (gering) ist wie am unteren Kartenrande, ist proportional; bei äquatorüberschreitenden Karten tritt der Äquator an die Stelle des äquatornäheren Kartenrandes. Das Wort Proportionalität bezeichnet die ,Gleichheit der Verhältnisse' am oberen und am unteren Kartenrande. Durch sie erreicht die maximale Verzerrung der Karte ihre geringste Größe. Die Maximalverzerrung und nicht die durchschnittliche Verzerrung einer Karte entscheidet darüber, ob der Benutzer das Kartenbild als globusähnlich empfindet. Durch ihre Minimierung dieser Maximalverzerrung schafft die Proportionalität der Karte eine gleichmäßige Fehlerverteilung und damit die größtmögliche Annäherung des Kartenbildes an die wirkliche Gestalt der Erde. Die Proportionalität ist als fünfte mathematische Qualität einer Karte für ihre Güte und für ihre allgemeine Verwendbarkeit entscheidend.

6. Universalität

Eine Projektion, die eine Erstellung von Kartennetzen für jedes Teilstück der Erdoberfläche wie für die ganze Erde ermöglicht, und die sich für die Darstellung jedes Karteninhalts wie für jeden Verwendungszweck eignet, ist universell. Das Fehlen dieser Qua-

All these three scales are exact and they may all appear on the same map. Only these methods of expressing the relationship of areas on a map to areas on a globe are exact.

The indispensability of the only correct way to indicate the scale of area does not exclude that for practical reasons middle scales of distance are stated on a map if these are characterized as approximate or average scales.

5. Proportionality

A map on which the longitudinal distortion along its upper edge is as great (or as small) as along its lower edge may be described as being proportional. On maps which include the equator, this reference line takes the place of that edge of the map closest to the equator.

'Proportionality' describes the equality of the conditions along the upper and lower edges of the map. By achievement of proportionality the maximum degree of distortion on a map is minimized.

It is the measure of the maximum degree of distortion on a map, and not the average degree, which determines whether the user of a map will judge its details as being a true representation of the surface of the globe.

By minimizing the maximum degree of distortion, proportionality in a map achieves an even distribution of errors and thus the greatest possible identity with the details on the surface of the globe.

Proportionality is the fifth mathematical quality of a map and is decisive for its quality and for its general applicability.

6. Universality

A projection which permits the construction of grid systems for maps of each section of the earth's surface as well as for a global map, and which permits the portrayal of all contents of a map for all applications is universal.

Erreichbare Kartenqualitäten

Attainable Map Qualities

	Mercator 1569	Bonne 1752	Hammer 1892	v. d. Grinten 1904	Winkel 1913	Goode 1923	Briesemeister 1948	Peters 1974	
Flächentreue	−	+	+	−	−	+	+	+	Fidelity of Area
Achstreue	+	−	−	−	−	−	−	+	Fidelity of Axis
Lagetreue	+	−	−	−	−	−	−	+	Fidelity of Position
Maßstabstreue	−	+	+	−	−	+	+	+	Fidelity of Scale
Proportionalität	−	−	−	−	−	−	−	+	Proportionality
Universalität	−	−	−	−	−	−	−	+	Universality
Totalität	−	+	+	+	+	+	+	+	Totality
Ergänzbarkeit	+	−	−	−	−	−	−	+	Supplementability
Klarheit	+	−	+	+	+	+	−	+	Clarity
Wandelbarkeit	−	−	−	−	−	−	−	+	Adaptability
	4	3	4	2	2	4	3	10	

lität verunmöglichte bisher die allgemeine Verwendung eines einzigen Projektionsprinzips, so daß die alte Kartographie spezielle Kartennetze für die verschiedenen Maßstäbe, Karteninhalte und Verwendungen benötigte. Die Lehre von den Eigenschaften und Verwendungsarten aller vorhandenen Kartennetze (Projektionslehre) wird überflüssig, wenn ein Projektionsprinzip diese Qualität besitzt und also für alle allgemeinen Karten universell anwendbar ist.

Neben diesen allgemeinen Karten gibt es einige Karteninhalte und Erdgebiete, für die spezielle Karten mit Qualitäten zu erstellen sind, die für allgemeine Karten verzichtbar sind und mit ihren zehn Qualitäten auch nicht vereinbar. So fordert etwa die Funknavigation gnomonische Karten, auf denen alle Großkreise als Gerade abgebildet sind; und eine Flughafen-Verkehrskarte fordert eine mittabstandstreue Projektion, die alle Entfernungen von der Kartenmitte aus wirklichkeitstreu wiedergibt. Eine Sonderstellung unter den Spezialkarten nehmen die Polkarten ein. Das neue allgemeine Projektionsprinzip ist auch für die Darstellung der Erdgebiete bis zum Pol anwendbar; weil es aber die Polargebiete in der Mitte zerteilt, ist die folgende Pol-Variante dieser Projektion geeigneter: wir zeichnen auf ein Stück Papier einen Punkt, der unseren Pol (Nordpol oder Südpol) darstellt. Mit einem Zirkel schlagen wir um diesen Punkt einen beliebigen Kreis, den wir als 89. Breitenkreis bezeichnen. Dann schlagen wir einen zweiten Kreis (= 88. Breitenkreis) um den Pol-Punkt, dessen Radius wir an Hand einer Ellipsoid-Tabelle so errechnen: Wir teilen die Wurzel der Gradabteilungsfläche des Ellipsoids zwischen Pol und 89. Breitenkreis durch die Wurzel der Gradabteilungsfläche zwischen Pol und 88. Breitenkreis. Das Verhältnis der beiden Resultate entspricht dem Verhältnis des Radius unseres ersten, kleineren Kreises (89. Breitenkreis) zum Radius unseres zweiten, größeren Kreises (88. Breitenkreis). In analoger Weise bestimmen wir den Radius der folgenden Breitenkreise. Dann werden noch die Meridiane durch den Polpunkt gelegt, wobei sie sich mit allen übrigen Meridianen wie mit allen Breitenkreisen in natürlichem Winkel schneiden. Diese Pol-Variante der Petersprojektion ist flächentreu und verbindet mit dieser Grundqualität ein Maximum weiterer Kartenqualitäten.

The absence of this quality up until now made it impossible to use just one projection for the various maps required. Thus traditional cartography required special grid systems for each of the various scales, map contents and applications which it was desired to produce.

The whole body of projectional teaching – the properties and applications of all the available map grid systems – would become redundant if one projection possessed this quality and were thus universally applicable.

Apart from these general maps there are others which are required to express specific properties of the portrayed areas. These maps require the inclusion of qualities which can be ignored for general maps and indeed are incompatible with their ten above-listed qualities.

Radio navigation requires gnomonic maps on which all great circles are shown as straight lines; and an aerial traffic map for an airport requires an equidistant projection which faithfully reproduces all distances measured from the central point of the map.

Polar maps are the most peculiar of the special maps. Although the new projection principle is theoretically applicable to these areas of the globe, it would divide them in the centre and thus another method is employed.

A point is drawn on a sheet of paper and represents the north or south pole; a circle is then described (using the point as its centre) and is designated the 89th parallel. Following a calculation using an ellipsoid table a second, larger, circle is described about the same point and is the 88th parallel. The areas of the 360 degrees lying between the pole and the 89th parallel are then added and the resultant sum is divided by the square root of the summation of the 360-degree areas lying between the pole and the 88th parallel. The end figure is the relationship between the radii of our smaller and larger circles (89th and 88th parallels).

In a similar manner we determine the radii of subsequent circles.

Finally the meridians are drawn as straight lines passing through the pole and a polar oriented projection, having fidelity of area and a maximum of retainable qualities, is finished.

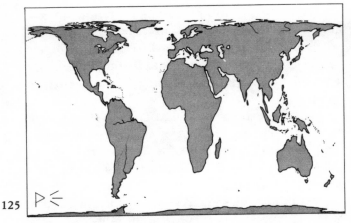

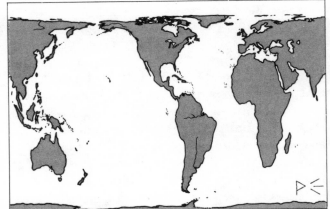

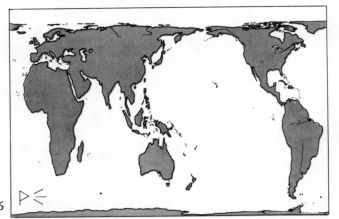

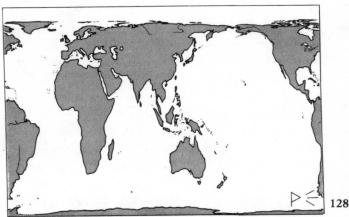

Karten 125–128: Die Anwendbarkeit einer Weltkarte auf der ganzen Erde ist im Zeitalter des Weltverkehrs und des weltweiten Fernsehens eine unverzichtbare Qualität. Da sich jeder Kontinent gern im Mittelpunkt der Erde sieht, ist es wichtig, daß man von der Erdkarte rechts und links beliebig viel abtrennen und auf der anderen Kartenseite anfügen kann. Diese *Ergänzbarkeit* macht eine Erdkarte für jedes Volk annehmbar, ohne die Kartenaussage zu verändern. Der Europa-Afrika-Schnitt (Karte 125), der Ostasien-Pazifik-Schnitt (Karte 126) und der Amerika-Schnitt (Karte 127) sind einander im Aufbau so ähnlich, daß sich die Bewohner jedes Kontinents auf den jeweils anderen Schnitten gut zurechtfinden und sich selbst darauf ebenso wiederfinden, wie auf ihrem eigenen Kartenschnitt. Da eine der drei Karten den Pazifik zerschneidet (Karte 125), die andere den Atlantik (Karte 126), die dritte den Indischen Ozean (Karte 127), ist ein vierter Schnitt möglich, der alle drei Weltmeere unzerschnitten zur Anschauung bringt und dafür einen Kontinent zerschneidet (Karte 128).

Maps 125–128: The usability of a global map for the whole earth is, in the age of world traffic and worldwide television, an unrenounceable quality. Since every continent likes to find itself at the earth's centre, it is important that one can cut from the global map, on the right hand side or on the left side, any part and reposition it on the map's other side. This *supplementability* makes a global map acceptable to any nation without altering the map's information. The Europe-Africa cut (map 125), the East Asia-Pacific cut (map 126), and the America cut (map 127) are so similar in their structures that the inhabitants of every continent can find their whereabouts on the corresponding cuts and can find themselves represented on them as on their own section of the map. Since one of these maps cuts through the Pacific (map 125), the other through the Atlantic (map 126), the third through the Indian Ocean (map 127), a fourth cut is possible which represents all three oceans without a cut and cuts through a continent instead (map 128).

7. Totalität

Eine Projektion, deren Prinzip sich für die Erstellung einer Karte der ganzen Erdoberfläche auf einem einzigen Kartenblatt eignet, ist total.[22] Diese Qualität ist unverzichtbar in einer Epoche, da die ganze Erde erforscht und kartographisch darstellbar ist. Die Mercatorkarte besitzt diese Qualität nicht, sie kann die Polargebiete nicht abbilden und scheidet seit Entdeckung und Erforschung der Polargebiete in der ersten Hälfte unseres Jahrhunderts als Erdkarte bereits wegen des Fehlens dieser Qualität aus.

Eine Projektion, der diese für Erdkarten unerläßliche Qualität fehlt, sollte im Interesse der Einheitlichkeit des Projektionsprinzips von Kartenwerken auch für Einzelkarten keine Verwendung finden.

8. Ergänzbarkeit

Eine Karte, die es erlaubt, ganze Erdpartien am linken Kartenrande abzutrennen und sie am rechten Kartenrande wieder anzufügen (und umgekehrt), ist ergänzbar.[22] Durch diese Kartenqualität ist es ohne Umstände möglich, etwa Europa und Afrika aus der Kartenmitte heraus an den Kartenrand zu verlegen und Amerika oder Ostasien in den Kartenmittelpunkt zu rücken. Diese beliebige Ergänzbarkeit ohne Veränderung des Kartennetzes ist auch dann von Wert, wenn man sich ihrer nur als Denkmodell bedient, um die Tatsache im Bewußtsein zu halten, daß die Plazierung unseres Kontinentes in der Kartenmitte nicht naturgegeben ist. Schließlich bleibt durch diese Kartenqualität die Gestalt der Länder, Kontinente und Meere auf allen denkbaren Kartenschnitten gleich, was im Zeitalter weltweiter Kommunikation (Fernsehen) von Bedeutung ist. Für kartographische Institute bringt diese Ergänzbarkeit eine wesentliche Arbeitserleichterung, weil damit alle vorhandenen Kartenunterlagen wechselseitig ergänzbar werden. Durch die heutigen schrägen und gerundeten Kartennetze ist diese Ergänzung verschiedener Kartenblätter fast unmöglich. Im Zeitalter der Computer, wo zunehmend ‚Plotter' das Kartenzeichnen übernehmen, ist die durch das rechtwinklige Netz der neuen Projektion erreichte Ergänzbarkeit unverzichtbar, weil auch die Computertechnik auf dem kartesischen System rechtwinklig sich schneidender Koordinaten beruht.

7. Totality

A projection which is suitable for the production of a single map showing the entire surface of the globe has totality.[22] This quality is essential in an era in which all corners of the earth are being explored and mapped, but Mercator's projection does not have it. It cannot portray the polar regions and has thus been invalid as a global map since the first polar expeditions in the early 20th century.

A projection which does not possess this quality which is compulsory for global maps should, for reasons of homogeneity of projection and atlases, not be used for single maps either.

8. Supplementability

A map on which it is possible to detach a section from the left hand side and to reattach it on the right side (and vice versa) is said to be supplementable.[22]

With this facility it is a simple matter to remove, say, Europe and Africa from the centre of the map and to reposition them at the edge so that American or East Asia becomes the central feature of the map. It is also of value even if only as a reminder that our continent has no unassailable right to be in the central portion of a map. Finally, this map quality ensures that whichever area of the globe is portrayed in the central zone, the other parts appear in unchanged shape.

In this age of worldwide communication (television) this is a valuable quality and it also simplifies the work of cartographic institutions as all their maps will be mutually matching. The current use of oblique and circular grid systems precludes this possibility.

In the computer age when plotters are increasingly taking over the task of constructing map grid systems, this supplementability is essential, since computer map technology is also based on a rectangular, right-angled grid system.

9. Klarheit

Eine Karte, die kein Land der Erde, keinen Kontinent und kein Meer durch extreme Zerrung oder Stauchung deformiert und so die Gestalt des Globusbildes bestmöglich erhält, besitzt ein klares Kartenbild. Es ist gekennzeichnet durch die, seine ästhetische Dimension begründenden, harmonischen Proportionen sowie durch die seine praktische Dimension konstituierende leichte Verständlichkeit und Erstellbarkeit der notwendig kartesischen Koordinaten seines Netzes. Diese Rechtschnittigkeit schließt auch schiefe Verzerrungen und Verquetschungen aus, die das Kartenbild seiner Klarheit berauben.

10. Wandelbarkeit

Eine Projektion, die besonderen Anforderungen allgemeiner Karteninhalte angepaßt werden kann, ist wandelbar. Diese Qualität ist unerläßlich, weil durch sie das subjektive Moment jeder einzelnen Karte innerhalb eines einzigen universellen Projektionsprinzips erhalten ist. Sie ist darauf gerichtet, daß die Verwirklichung der übrigen neun Qualitäten nicht zu einer starren Festlegung des jeweiligen einzelnen Kartenbildes führt, sondern dem Kartographen eine Gestaltungs- und Entscheidungsfreiheit bleibt. Dieser Freiraum ist nur begrenzt durch die unabdingbare Verwirklichung aller anderen neuen Kartenqualitäten, wie sie in diesem Katalog niedergelegt sind.

DIE VEREINBARKEIT DIESER QUALITÄTEN IN EINER PROJEKTION

Niemand wird eine einzige dieser zehn Kartenqualitäten für zweitrangig oder überflüssig halten. Aus diesem Grunde ist die Vereinigung aller dieser Qualitäten in einem einzigen Projektionsprinzip Ziel der Neuen Kartographie. Nur wenn eine dieser zehn Kartenqualitäten mit einer der anderen neun unvereinbar wäre, müßte man überlegen, welche der unvereinbaren Qualitäten für welchen Kartenmaßstab oder Karteninhalt wichtiger ist. Tatsächlich aber ist es möglich und also geboten, alle zehn aufgeführten Qualitäten zusammen in einer Projektion zu verwirklichen. Diese Projektion ist deshalb als Übertragungsprinzip für die Erstellung jedes allgemeinen Kartennetzes verbindlich.

9. Clarity

A map which does not deform by extreme distortion any of the countries, continents and seas portrayed possesses clarity. It is distinguished by its harmonic proportions, practical dimensions, ease of comprehension and of construction of the necessary co-ordinates for its grid system.

The rectangular nature of this grid system channels unavoidable distortion along the vertical and horizontal axes and thus prevents oblique distortions.

10. Adaptability

A projection which can cope with specialist requirements of general map contents is adaptable. This quality is essential as it preserves the subjective moment of every individual map within a single universal principle of projection. It is based on the fact that the realization of the other nine qualities does not lead to a rigidity of the picture presented by each individual map but allows the cartographer a certain freedom of decision and presentation. This freedom is only limited by the need to retain all the other qualities in this catalogue and by the dictates of the particular map contents, section and purpose.

THE COMBINATION OF THESE QUALITIES IN A SINGLE PROJECTION

No one would agree that any one of these aforementioned ten map qualities were superfluous or of only secondary importance.

For this reason it is the aim of the new cartography to unite them all within one projectional principle. Only if any one of these qualities were incompatible with the other nine would one have to consider which of the incompatible ones were more important for which scale or content of map.

In fact it is possible, indeed demanded, that all these ten qualities be combined in a single projection and is thus the principle of translation for the construction of every general map grid system; it has general validity.

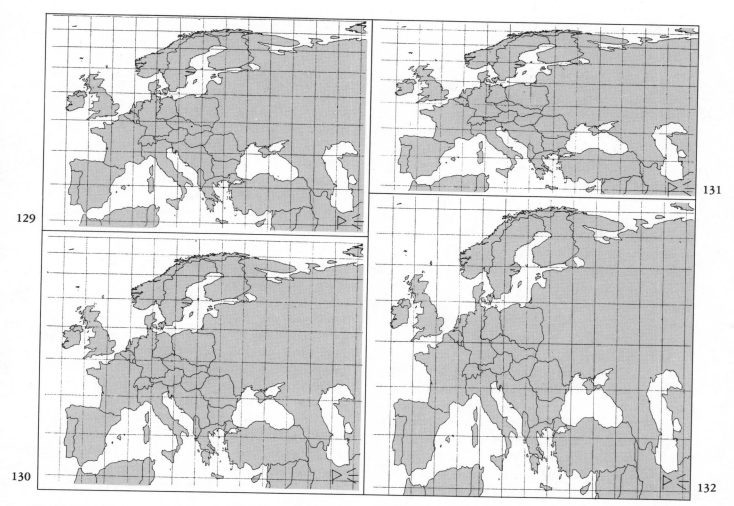

129

131

130

132

Möglichkeiten und Grenzen bei der Anwendung der Kartenqualität *Wandelbarkeit*: Karte 129 zeigt das für die Abbildung ganz Europas bevorzugte Kartenbild. Europa wurde bei der Berechnung des Kartennetzes von seiner Südgrenze (der Linie Gibraltar–Rhodos) nur bis zur Nordgrenze *Mittel*europas (= seiner Nord-Ostsee-Begrenzung) berücksichtigt. Skandinavien ist dadurch stärker verzerrt abgebildet als das übrige Europa. Karte 130 zeigt, wie Europa aussieht, wenn die nördliche Begrenzung bei der Berechnung des Kartennetzes auf die Linie Oslo–Stockholm–Helsinki gehoben wird: Skandinavien ist naturgetreuer, Spanien und Italien stärker verzerrt. Die wirklichkeitsnähere Abbildung Skandinaviens ist für Skandinavier so wichtig, daß sie sich für diese Karte entscheiden. Bei Karte 131 ist die nördliche Bezugslinie gegenüber Karte 129 südwärts verschoben bis in die Mitte Mitteleuropas. Spanien und Italien sind dadurch noch wirklichkeitsnäher abgebildet, aber die Verzerrung Skandinaviens und Englands macht dieses Kartenbild unannehmbar. Karte 132 wurde durch Verschiebung der oberen Bezugslinie in nördlicher Richtung bis hoch ins nördliche Skandinavien gewonnen. Skandinavien erfährt hier die wirklichkeitstreueste Abbildung, aber die Karte ist wegen ihrer Verzerrung von Mittel- und Südeuropa nicht annehmbar.

Possibilities and limits of the application of the quality of *adaptability*: Map 129 shows the cartographic representation which is preferred for the whole of Europe. For the computation of the grid, Europe was taken into consideration from its southern delimitation (line Gibraltar–Rhodes) only to the northern delimitation of *Central* Europe. Scandinavia is therefore more distorted than the rest of Europe. Map 130 shows what Europe looks like when, for the computation of the grid, the northern delimitation is put up to the line Oslo–Stockholm–Helsinki: Scandinavia becomes more accurately represented, Spain and Italy more distorted. The more accurate representation of Scandinavia is so important for Scandinavians that they decide in favour of this map. On map 131 the reference line is, in contrast to map 129, pushed southward as far as the centre of Central Europe. Spain and Italy are represented more accurately, but the distortion of Scandinavia and England makes this cartographic representation unacceptable. Map 132 was achieved by pushing the upper reference line higher, as far as northern Scandinavia. Scandinavia is in this instance most accurately represented, but the map is not acceptable because of the distortion of South and Central Europe.

DAS KONSTRUKTIONSPRINZIP DER NEUEN PROJEKTION

Im Jahre 1967 wurden die mathematischen Grundlagen dieses universalen Projektionsprinzips (Peters-Projektion) veröffentlicht[23]) und 1974 der Deutschen Gesellschaft für Kartographie vorgelegt.[22]) Walter Buchholz[24]) hat 1980 die genaue Formel samt Ableitung veröffentlicht und dem Deutschen Kartographentag in Koblenz vorgelegt. Entscheidend ist, daß jeder Kartograph, aber auch jeder Geographielehrer und sogar ein Schüler ohne Kenntnisse der höheren Mathematik das für seinen Zweck benötigte Kartennetz für jeden beliebigen Teil der Erdoberfläche wie für die ganze Erde selbst erstellen kann, wenn er im Besitze eines rechtwinkligen Dreiecks mit Zentimetereinteilung und einer Ellipsoid-Tabelle ist (z. B. der Bessel'schen Ellipsoid-Tabelle).

Die Qualitäten 2, 3, 5, 8 und 9 verlangen ein rechtwinkliges Gradnetz, so daß wir damit beginnen, auf einer beliebigen Waagerechten (= Grundlinie) in beliebigem Abstand zwei Senkrechte rechtwinklig zu errichten. Durch eine Parallele zur Grundlinie können wir das erste Planrechteck vollenden, wenn wir das Verhältnis seiner Grundlinie zu seiner Höhe kennen: Die Grundlinie dieses ersten, äquatornächsten Planrechtecks verhält sich zu seiner Höhe wie die Fläche der äquatorfernsten Ellipsoid-Gradabteilungsfläche zur äquatornächsten Ellipsoid-Gradabteilungsfläche. Da die Qualitäten 1, 4 und 6 Flächentreue voraussetzen, werden die übrigen Planrechtecke flächentreu auf das erste gebaut, wobei sich das Verhältnis der Höhe des Planrechtecks zur vorgegebenen Grundlinie aus dem Verhältnis der entsprechenden Ellipsoid-Gradabteilungsfläche zur Ellipsoid-Gradabteilungsfläche des ersten Planrechtecks ergibt. Alle Planrechtecke zwischen zwei Breitenkreisen sind gleich. Damit ist das Kartennetz fertig und braucht bei äquatorüberschreitenden Karten nur über den Äquator nach Süden hin gespiegelt zu werden. Zur exakten Eintragung einzelner Orte kann von Rechenkundigen die Formel verwendet werden.

Acht der zehn Qualitäten sind in dieser Projektion vereinigt, unabhängig davon, welchen Ausschnitt der Erde die darauf gezeichnete Karte zur Anschauung bringt. Eine weitere Qualität (‚Totalität') ist dadurch gesichert, daß dieses Projektionsprinzip, im Gegen-

THE PRINCIPLE OF CONSTRUCTION OF THE NEW PROJECTION

In 1967 the mathematical basis of this new projectional principle was published (the Peters Projection)[23]; in 1974 it was presented to the German Cartographical Society;[22] in 1980 Walter Buchholz[24] published the exact formula complete with its derivation. A decisive factor in its favour is the fact that any cartographer, geography teacher or even a schoolchild without any knowledge of higher mathematics can construct the ideal grid system for any part of the earth's surface as well as for the whole globe. All one needs is a right-angled set square with centimeter markings and an ellipsoid table (e.g. Bessel's Ellipsoid Table).

The qualities 2, 3, 5, 8 and 9 require a right-angled grid system and we thus begin by marking off two random verticals on any chosen horizontal (Base Line). The first plan rectangle is completed by adding a second horizontal in parallel to the base line so that we achieve the desired base : height proportion.

The ratio of the baseline of this first plan rectangle (which will be closest to the equator) to its height will be as for the ratio between the areas of the ellipsoidal grid sectional area furthest from the equator and that of the ellipsoidal grid sectional area closest to the equator.

As the qualities 1, 4 and 6 demand fidelity of area, the other plan rectangles are built on to the first with retention of fidelity of area. The relationship of the height of the plan rectangle to the given baseline complies with the relationship of the respective ellipsoid angular area to the ellipsoid angular area of the plan rectangle which was first drawn. All plan rectangles between two parallels of latitude are equal. The grid system is now finished and if the map is to include the equator then a mirror-image of the grid is extended over it to the south. The formula can be used by the mathematically talented for the exact placing of individual places.

Eight of the ten qualities are combined in this projection regardless of which section of the globe is to be portrayed. A further quality (Totality) is ensured in that this projectional principle leads to 'diminishing latitudes' towards the poles in contrast to Mercator's projection which leads to 'increasing

satz zu den ‚wachsenden Breiten‘ der Mercatorkarte, zu ‚schwindenden Breiten‘ führt, die sich zum Pol hin nicht ins Unendliche verlieren, sondern sich immer weiter annähern. Bleibt die Einbeziehung der zehnten Qualität, der Wandelbarkeit.

latitudes' losing themselves in infinity in the polar regions.

There remains only one quality to be included: adaptability.

DAS SUBJEKTIVE MOMENT

Hier geht es um die Möglichkeit, die Projektion aus praktischen oder ästhetischen Gründen zu verändern, sie einem bestimmten Karteninhalt anzupassen, also um die Einführung eines subjektiven Moments. Denn während die ersten neun Kartenqualitäten durch das mathematische Konstruktionsprinzip des Kartennetzes erfüllt sind, muß der Kartograph die zehnte Qualität seiner Karte ihr durch eigene Entscheidung hinzufügen. ‚Wandelbarkeit‘ ist die Mög-

THE SUBJECTIVE FACTOR

Here we are concerned with the possibility of altering the projection from practical considerations or of adapting it to specific map contents; that is to say, the inclusion of a subjective factor. While the first nine map qualites are fulfilled by the mathematical basis of the grid system, the cartographer must supply the tenth by his own decision. 'Adaptability' is the possibility of adapting the mathematically constructed grid system by making it relate to a chosen theme.

Die Formel, nach der das Gradnetz für alle Karten der ganzen Erde wie für jedes Teilstück der Erdoberfläche konstruiert ist. (Peters-Projektion) [24]

The formula which was applied in the construction of the grid for all maps of the whole globe, as well as for any single part of the earth's surface. (Peters Projection) [24]

lichkeit der Anpassung des mathematisch gewonnenen Netzes durch seine Relativierung – doch kann diese Qualität der Karte nicht nur durch die mögliche Anpassung hinzugefügt werden, sondern ebenso durch den Verzicht darauf. Der Kartograph muß also für die von ihm zu fällende Entscheidung über die Inanspruchnahme der ihm gegebenen Möglichkeit der Anpassung prüfen, ob Gründe dafür vorliegen, einzelne Karten teile wirklichkeitstreuer darzustellen, als es das Konstruktionsprinzip durch seine Fehler-Minimierung (Qualität: ‚Proportionalität') bewirkt, und ob für diese Bevorzugung einzelner, besonders wichtiger Kartenteile andere Kartenteile vernachlässigt werden dürfen. Gelegentlich ist auch nur die äußere oder innere Harmonie der Karte durch die strenge Anwendung des Konstruktionsprinzips gestört. Auch hier hilft die Anpassung des Kartennetzes im Sinne der hier beschriebenen ‚Wandelbarkeit'.

In der Regel wird eine Modifikation nicht notwendig oder auch nur wünschenswert sein. Wenn sie erforderlich sein sollte, ist sie denkbar einfach zu verwirklichen: Das Kartennetz ist mathematisch vollständig bestimmt. Soll nicht eine der festgelegten grundsätzlichen Qualitäten preisgegeben werden, deren Vereinigung das Wesen dieser neuen allgemeinen universalen Projektion ausmacht, so kann eine solche Anpassung nur durch Veränderung einer mathematischen Prämisse erfolgen. Hierfür bietet sich innerhalb des auf diesen Qualitäten beruhenden Projektionsprinzips die Verschiebung des zur Berechnungsgrundlage (Bezugsebene) erhobenen äquatornächsten (oder/und äquatorfernsten) Ellipsoidrechtecks und des entsprechenden Planrechtecks an. Durch diese Annäherung der beiden Bezugsebenen wird ein Teil der Karte aus der vorher die ganze Kartenfläche umfassenden Fehler-Minimierung ausgeschlossen, denn dieser Kartenteil befindet sich nun jenseits der beiden vorher mit der oberen und unteren Kartenkante zusammenfallenden Bezugsebene und weist dadurch notwendig eine größere Formverzerrung auf als die zwischen den beiden Bezugsebenen liegende Kartenfläche. Diese Vernachlässigung eines Teiles der Kartenfläche bei der Verwirklichung der Kartenqualität 5 (Proportionalität) ist zulässig, ja geboten, wenn dadurch die durch sie bewirkte gleichmäßige Fehlerverteilung und die damit verbundene Verzerrungsminimierung für den Kartenteil innerhalb der beiden

This quality may be achieved not only by adding a possible conformity but also by its exclusion.

The cartographer must consider whether his decision as to the inclusion of a possible conformity should be influenced by reasons requiring that certain individual areas of the map should be portrayed more true to life than the constructional principles would allow by their error minimization (the quality of proportionality); and whether the necessary relegation of other parts of the map – caused by such a favouring of any particular section – is justified.

Occasionally it is only the innner harmony of the map which is negatively affected by the strict application of this constructional principle. The geographical method is not identical to the mathematical method on which the imperfect distribution of the unmodified grid system is based.

Here again the amendment of the grid system according to the clearly described rules of "adaptability" is of assistance.

As a rule a modification will not be needed or may be purely desirable but if shown to be necessary it can be simply achieved.

The grid system has been completely defined mathematically; if one of the ten basic qualities (whose union produces this new general, universal projection) is not to be sacrificed, then a modification may only be achieved by altering one of the mathematical premises.

A possibility exists in the alteration of the basic (equator-closest) ellipsoid rectangle and the relevant plan rectangle and/or the equator furthest ellipsoid and relevant plan rectangles. By this approximation of the two reference planes one part of the map will be excluded from overall minimization of error which previously affected the whole map. This is because this part will now lie outside the reference planes (which previously coincided with the upper and lower edges of the map) and will necessarily be subject to a greater degree of distortion than the area of the map which is still contained within the aforementioned reference planes.

This relegation of part of the map surface to achieve Proportionality (the fifth quality) is permissible, nay, required, if the even distribution of error and the minimalisation of distortion which will be achieved by so doing is of greater importance than the disadvantages which will be incurred for the outer regions

verlegten Bezugsebenen wesentlicher ist als für den nun außerhalb bleibenden Kartenteil. Sie ist auch verantwortbar, weil grundsätzlich die mathematischen Qualitäten auch des nun mehr als notwendig verzerrten Kartenteils erhalten bleiben.

Bei einer Europakarte, die vom 35. bis zum 71. Breitenkreis reicht, entsteht durch unmodifizierte Anwendung des beschriebenen Konstruktionsprinzips ein Kartenbild, das mit dem vertrauten Globusbild nicht die größtmögliche Ähnlichkeit hat. Wird das aus der möglichst weitgehenden Übereinstimmung vertrauter Teile der Karte resultierende Ähnlichkeitsbewußtsein des Betrachters insgesamt zum entscheidenden Kriterium der Karte erhoben, demzuliebe man auch die Wirklichkeitsnähe (Ähnlichkeit) solcher Teile Europas vernachlässigen darf, die weniger fest im geographisch-physiognomischen Bewußtsein verankert sind, so würde man etwa Nordskandinavien oberhalb der Hauptstädte Helsinki, Oslo und Stockholm preisgeben und die obere Bezugsebene vom 71. auf den 60. Breitenkreis verlegen. Dadurch würde die vorher stark entstellte Form Spaniens so weit verbessert, daß man sagen kann: Die Verzerrung der südlichen Halbinseln Europas erscheint dem Betrachter nun etwa ebenso groß wie diejenige Skandinaviens, obwohl letztere mathematisch größer ist. Will man die Form-Ähnlichkeit Spaniens weiter erhöhen, so kann man das, indem man die nördliche Bezugsebene noch stärker nach Süden verlegt, etwa vom 60. auf den 55. Breitenkreis, womit das ganze Skandinavien außerhalb der Bezugszone gerückt ist. So kann der Kartograph zwischen Kartenbildern wählen. Er muß entscheiden, ob er für eine einigermaßen der Globusform entsprechende Form Spaniens die Wiedergabe Skandinaviens vollends oder halbwegs vernachlässigt. Dafür spräche, daß dieser Teil Europas im allgemeinen Bewußtsein weniger fest verankert ist, seine stärkere Verzerrung also eine geringere Fremdheit hervorruft als eine stärkere Verzerrung Spaniens. Natürlich läßt sich die gleiche Frage für den Süden Europas stellen, wo der untere Kartenrand durch den 34. Breitenkreis bezeichnet ist (wenn ganz Zypern und Kreta als Teile Europas einbezogen sind, hingegen durch den 36. Breitenkreis), wenn nur Spanien und Griechenland bis zu ihrer Südspitze sowie Italien mit ganz Sizilien eingeschlossen sind (und man dafür die Form der beiden zu Europa gehörenden Mittelmeerinseln Kreta

of the map.

This course of action may also be recommended on the grounds that the mathematical qualities of this map, now more distorted than absolutely necessary, are fully retained.

An unmodified map of Europe, stretching from the 35th to the 71st parallel and produced by the aforementioned method, would not have the greatest achievable similarity with the familiar global representation. If the subjective impression of this similarity which a viewer gains from this finished map is raised to the level of a decisive quality, and if this applies only to certain parts of the map, it would be credible to sacrifice northern Scandinavia from above the cities of Oslo, Helsinki and Stockholm and to withdraw the upper reference level from the 71st to the 60th parallel. This would so improve the previously heavily distorted shape of the Iberian peninsula that one could say that the viewer's subjective impression would be one of equal distortion in the extreme northern and southern limits although that in Scandinavia is mathematically larger.

If it should be desired to represent Spain and Portugal in still more familiar shape, then this can be done by repositioning the upper limit from the 60th to the 55th parallel. This would exclude all of Scandinavia from the reference zone.

The cartographer may now choose from three possible map pictures and must weigh the distortion of Scandinavia against the maximum familiarity of the reproduction of the Iberian peninsula. A point for the above described course is the fact that Scandinavia is less familiar to most people than is southern Europe and its distortion is less noticeable.

The same question may of course be asked of southern Europe, where the lower edge of the map would rest on the 34th parallel if Crete and Cyprus are to be included, but on the 36th parallel if only Spain, mainland Greece and Italy (with Sicily) are to be shown. In the latter case Crete and Cyprus are somewhat more distorted.

Finally, any movement of the lower edge of the map affects the upper part of the map and vice versa.

und Zypern etwas verzerrter hinnimmt als den unteren Kartenrand). Jede willkürliche Verlegung des unteren Kartenrandes hat Rückwirkungen auf den oberen Teil der Karte und umgekehrt. So ist die Entscheidung über die Nutzung der als Möglichkeit gegebenen Wandelbarkeit eine Frage über die verschiedensten Aspekte der endgültigen Ausprägung einer Karte.

The decision as to the use of the facility given by the flexibility of the projection is one which influences the most various aspects of the final appearance of the map.

ANWENDUNG DES NEUEN PROJEKTIONSPRINZIPS AUF DIE ERDKARTE

THE PRINCIPLES OF THE NEW PROJECTION APPLIED TO THE GLOBAL MAP

Sind bei der Abwandlung von Teilkarten, wie etwa der Karte Europas, ästhetische, psychologische, mathematische oder geographische Überlegungen des Kartographen entscheidend, so geht es bei der Ab-

If the alternatives to the map are decisively affected by the cartographer's aesthetic, psychological, mathematical and geographic considerations, then the alterations to the global map are directly influenced by the

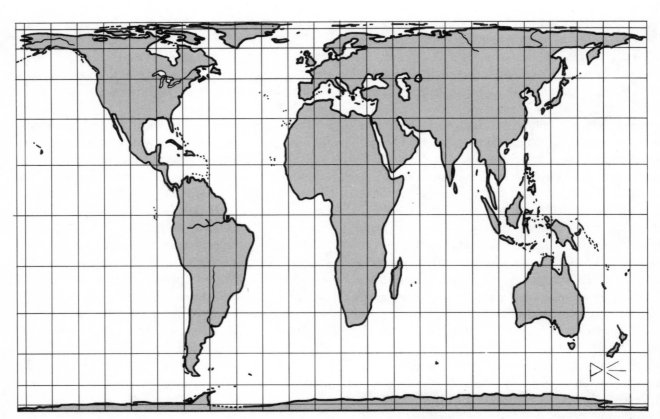

Karte 133: Das stärkste Korrektiv des alten geographischen Weltbildes ist die neue Erdkarte, in der alle mathematischen, ästhetischen und praktischen Qualitäten vereinigt sind (Peterskarte).

Map 133: The strongest corrective of the old geographic view of the world ist the new global map which combines all mathematical, aesthetic, and practical qualities (Peters Map).

wandlung der Erdkarte unmittelbar um die Frage unseres neuen geographischen Weltbildes.

Zeichnet man die Erdkarte nach dem festgelegten, die Qualitäten 1–9 beinhaltenden Konstruktionsprinzip, so ist die Äquatorialzone bis zur Unkenntlichkeit verzerrt, und die gemäßigten Zonen haben keine Ähnlichkeit mehr mit dem Globusbild. Deshalb habe ich bei meiner Erdkarte die nördliche Bezugsebene vom Nordpol auf den 60. Breitenkreis verlegt. Dadurch werden die gemäßigten Zonen praktisch formtreu abgebildet – was durch den alten geographischen Grundsatz sich nahelegt, daß die am stärksten besiedelten Gebiete der Erde am globusähnlichsten zu erscheinen haben. Außerdem erscheinen dadurch die dünner besiedelten, aber durch ihre Stellung in der Kartenmitte wichtigen Äquatorialgebiete noch mit erträglichen Verzerrungen. Als Preis dafür wird das Gebiet zwischen dem 60. Breitenkreis und dem Pol schlechter abgebildet, als das bei einem

question of our new geographical world concept.

If one draws the global map to include all the nine qualities of constructional principles then the equatorial zone is distorted into an unrecognizable shape and the temperate zones bear no relationship to their shapes on the globe.

Because of this I have moved the northern reference line from the north pole to the 60th parallel and the temperate zones are thus reproduced with practically no distortion. This complies with the old geographic rule that the most densely populated areas should be shown with minimal distortion.

Apart from this, the less densely populated equatorial areas (which occupy the central zone of the map) are only slightly distorted. The price for this improvement is that the area between the 60th parallel and the pole is now slightly more distorted. The area between pole and polar circle is the most distorted area on the map. The harmony of the map, which is

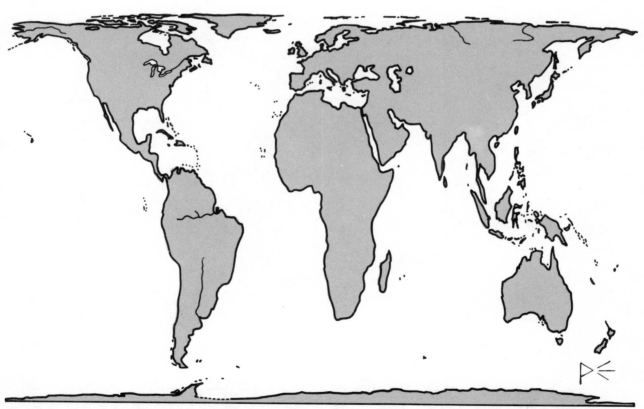

Karte 134: Durch ihre Lagetreue und Achstreue ist die Orientierung auf der neuen Erdkarte (Peterskarte) auch ohne Gradnetz gesichert.

Map 134: Through its fidelity of position and fidelity of axis, orientation on the new global map (the Peters Map) is secured even without a grid.

Verzicht auf diese Abwandlung der Fall gewesen wäre. So wird der Kartenteil zwischen Polarkreis und Pol zur verzerrtesten Zone. Die Harmonie des Kartenbildes, die auf der Abstimmung der geographisch empfundenen Verzerrungen beruht, weicht also vom rechnerischen Verzerrungsausgleich ab; das arithme-Mittel fällt nicht mit dem ,geographischen Mittel' zusammen.

So konnte nur durch Ausschöpfung der ,Wandelbarkeit' eine Erdkarte erstellt werden, in der die neun als unverzichtbar erklärten Kartenqualitäten vereinigt und mit dem Globusbild und der allgemeinen Vorstellung davon in Einklang sind.

Dabei ist es aufschlußreich, daß die so gewonnene Erdkarte (Peterskarte) niemals wegen ihrer Verzerrung der Polargebiete als fremd empfunden worden

based on the equation of the geographic distortion, differs from the mathematically produced design of minimal distortion; mathematical and geographic methods are not identical. It is only by experimentation with this adaptability that a map including the nine essential qualities (and which is also in harmony with the global portrayal) can be produced.

It is interesting to note that the resultant map (the Peters Map) does not offend by obvious distortion of the polar regions but does strike the viewer as unfamiliar by virtue of its equatorial distortion (even though this is nowhere greater than 1:2). In comparison to the Mercator projection, which distorts Europe by a factor of 1:4, the Peters Map shows Europe with almost zero distortion and yet it is the Mercator map which appears familiar to all viewers.

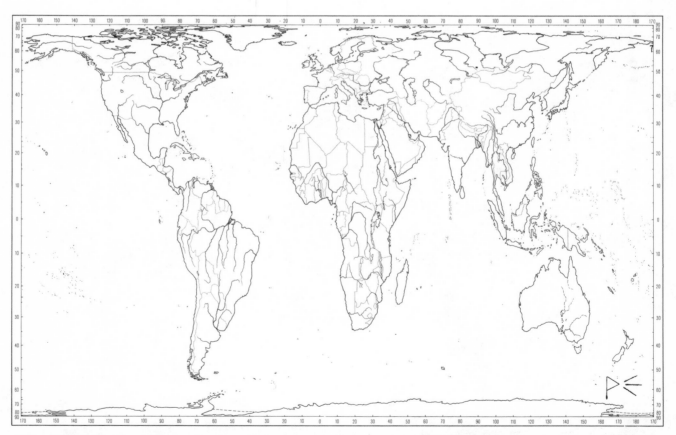

Karte 135: Nach Einzeichnung der Grenzen stehen alle Staaten der Erde in ihrer wirklichen Größe als gleichberechtigte Subjekte einer vergleichenden Geographie paritätisch nebeneinander (Peterskarte).

Map 135: After their borders have been drawn all nations of the earth stand, in their real size and with equality of status, side by side in parity as subjects of comparative geography (Peters Map).

ist, sondern nur wegen ihrer Verzerrung des Äquatorialgebietes (obwohl diese nirgends größer ist als 1:2, während vergleichsweise das auf der Peterskarte praktisch verzerrungsfrei wiedergegebene Europa auf der Mercatorkarte bereits eine Verzerrung von 1:4 erreicht, ohne daß bisher jemand die Darstellung Europas auf der Mercatorkarte als fremd empfunden hätte). Das Ringen um diese Erdkarte ist Ausdruck des Ringens unserer Epoche um ein neues, ihrem Selbstverständnis entsprechendes Weltbild. Wenn sich die neue Erdkarte[25] in den wenigen Jahren seit ihrem Erscheinen in Millionenauflagen auch in Europa durchsetzen konnte, so beweist das die allgemeine Bereitschaft, sich dem neuen, durch sie geschaffenen geographischen Weltbilde zu öffnen. Auch mathematisch ist diese Erdkarte gelöst, wenn man den Primat der bewohnten Weltgegenden gegenüber den unbewohnten voraussetzt: Die unerläßlichen Verzerrungen sind auf der Peterskarte so verteilt, daß die Äquatorialverzerrung von 1:2 erst wieder am 60. Breitenkreis erreicht wird und die am dichtesten besiedelten gemäßigten Zonen fast verzerrungsfrei wiedergegeben sind.

DIE FRAGE DER OBJEKTIVITÄT

Das Zeitalter der Wissenschaft, in das wir eingetreten sind, beruht auf Objektivität – einer sachlichen, die persönliche subjektive Sicht des einzelnen überwindenden allgemeinen Betrachtungsweise. Um die Tiefe der Wandlung zu begreifen, die damit unser geographisches Weltbild trifft, müssen wir in die Vergangenheit zurückblicken, der bis in unsere Tage ein subjektives Weltbild ganz natürlich gewesen ist:

Im Mittelpunkt der ersten erhaltenen Erdkarten stehen wie selbstverständlich die Weltgegenden, in denen sie entstanden sind: Kleinasien auf der in Milet (Kleinasien) von dem griechischen Philosophen Anaximander angefertigten Weltkarte, Mesopotamien auf der etwa gleichzeitig entstandenen ältesten babylonischen Erdkarte, die uns erhalten ist. Auch die griechischen Karten der folgenden Jahrzehnte rückten die in Griechenland oder Kleinasien gelegenen Entstehungsorte in den Mittelpunkt ihrer Erdkarten.

Diese Gruppierung der ganzen übrigen bekannten Welt um die eigene Heimat war damals nicht Ausdruck einer Ideologie – das geographische Weltbild

The controversy over the Peters Map is an expression of the controversy over our traditional global concept. The fact that in the few years since its publication, this new map[25] has been sold in millions within Europe is a direct proof of a general readiness to accept this new, realistic concept. Mathematically the Peters Map is also true; the unavoidable distortions are so distributed on it that the equatorial distortion of 1:2 is only reached again at the 60th parallel and the most densely populated areas are reproduced almost distortion free.

THE QUESTION OF OBJECTIVITY

We have entered the Age of Science, an era based on objective and not subjective views. In order to be able to comprehend the extent of the change which has overtaken our geographical global concept we must look back into history, at our entirely subjective traditional concept.

In the centre of the first known maps which have survived the ravages of men and time, there appears, quite naturally, the area in which the map-maker lived; Asia Minor in that drawn by Anaximander, Mesopotamia on the oldest known Babylonian map. The Greek maps of the following centuries followed this custom. This placing of one's homeland in the map centre at this time was not an expression of an ideology; the geographic and religious world concepts were at this time still in a primeval, naïve state. It coincided with man's actual experience at that time: that the world seemed to extend equally in all directions from his own home.

The Romans continued this custom as had Ptolemy in Egypt. During the Middle Ages the Chris-

war, wie das religiöse, noch ursprünglich-naiv. Entsprach es doch dem unmittelbaren Welterlebnis des Menschen, der von seiner Heimat aus in alle vier Himmelsrichtungen ungefähr gleich weit gekommen war und sich also vorstellte, daß das Ende der Welt überall gleich weit von seiner Stadt entfernt sein müßte. So blieb es auch auf den Weltkarten der römischen Epoche, in deren Mittelpunkt natürlich Rom stand, wenn sie nicht, wie auf der Karte des Ptolemäus, in Ägypten angefertigt waren, und die Mitte der Welt entsprechend ostwärts sich verlagerte.

Das christliche Mittelalter rückte dann Jerusalem in den Mittelpunkt seiner Erdkarten, die gleichzeitigen arabischen Karten Mekka. Damit kam in die Kartengestaltung ein ideologisches Moment: Im Mittelpunkt der Erdkarte stand nicht mehr, wie bis dahin selbstverständlich, die eigene Heimat. An ihre Stelle wurde nun bewußt jener Teil der bekannten Welt gerückt, um den man im ideologisch-religiösen Sinne die Welt kreisen sah. In diese Zeit fällt auch die Selbstbezeichnung Chinas als ‚Reich der Mitte‘, die es nie gegeben hatte, solange sich dieses Land ebenso selbstverständlich im Mittelpunkt der Welt wußte wie die anderen Länder Asiens, Afrikas und Europas, die stets die übrige Welt um ihre Heimat herum gruppierten, wodurch sie dann notwendig selbst Mittelpunkt der Welt waren.

Letzter Ausdruck dieses subjektiven Weltbildes ist die europazentrische Erdkarte, wie sie Mercator zu Beginn der Epoche europäischer Weltgeltung geschaffen hat. Wir haben keinen Anhalt dafür, daß Mercator das seiner Erdkarte zugrunde liegende Weltbild in ideologischer Absicht gezeichnet hätte. Alles spricht dafür, daß Europa bei ihm noch in der alten naiven Selbstverständlichkeit groß im Mittelpunkt der Welt und damit seiner Karte stand. Ebenso unzweifelhaft aber ist in den folgenden Jahrhunderten dieser Eurozentrismus unseres von der Mercatorkarte geprägten geographischen Weltbildes zunehmend als subjektive Verzerrung erkannt worden. Dieser Erkenntnisprozeß wurde jedoch von einem anderen Prozeß überkompensiert: Der Europäisierung der Erde. In dem Maße, wie die europäischen Mächte sich die Welt untertan machten, verbreiteten sie mit ihrer Religion, Philosophie und Moral auch ihr geographisches Weltbild. Und so war nach 400 Jahren europäischer Kolonialherrschaft mit den europäischen

tians placed Jerusalem in the centre of their maps, while the Arabs arranged their world around Mecca. This development added an ideological ingredient to map design – the map centre was no longer occupied by one's own home, this place had been taken by the ideological focal point of one's civilization. At about this time China named itself the 'Middle Kingdom'; a name which was previously unnecessary as China had been in the centre of all maps produced there.

The final expression of this subjective global concept is Mercator's map, produced at the start of the era of European world domination. We have no proof that Mercator had any ideological motivation when he produced this map; we may assume that he was following the old, naïve practice of placing his homeland in the centre of the map. It is just as uncertain that this Eurocentricity was actually recognized as such in the following centuries, but the rapid domination of the world by the European powers more than compensated for this. As they spread their power, religion, philosophy and moral code over the earth so with them went their global concept, through four hundred years of colonial rule.

This global concept lacked objectivity however, and its universal acceptance (whether voluntarily or otherwise) by the non-European fifteen-sixteenths of the globe could not belie this fact.

The revision of this erroneous concept in this postcolonial world is long overdue, but the basis for the demand for correction is not purely political – it is objective as well.

Cartography too demands a new doctrine based on objectivity and accuracy and it is self-evident that this

Karten das von ihnen geprägte europazentrische Weltbild über die ganze Erde verbreitet. Aber: Es hatte dadurch keinen objektiven Charakter gewonnen. Ob die 15/16 nicht-europäischer Welt gewaltsam auch das europazentrische geographische Weltbild übergestülpt bekamen oder selbst an die Überlegenheit der europäischen Kartographie und damit an das ihr zugrunde liegende europazentrische Weltbild glaubten – durch die universale Verbreitung des von der Mercatorkarte geprägten und an ihr orientierten europazentrischen Weltbildes hörte dies Weltbild nicht auf, ein subjektives zu sein, sodaß dessen Überwindung in der nachkolonialen Epoche auch aus Gründen der Gleichberechtigung aller Völker überfällig ist.

Diese, durch die geschichtliche Entwicklung unabweisbar gewordene Forderung nach einem neuen geographischen Weltbild ist aber nicht nur politisch geboten. Ihre Erfüllung fällt zusammen mit der im Zeitalter der Wissenschaft unverzichtbaren Objektivität wie mit dem aus der Entwicklung der kartographischen Arbeit selbst herausgewachsenen Bedürfnis nach einer mit wissenschaftlicher Exaktheit systematisch aufgebauten neuen Kartographie. Daß dazu außer der das geographische Weltbild prägenden Erdkarte eine mit ihr gleichgerichtete universell-anwendbare Projektionsweise gehört, ist im Zeitalter der Wissenschaft eine Selbstverständlichkeit. Nachdem alle diese Forderungen erkannt waren, stand die Frage ihrer Erfüllbarkeit mehr als ein Jahrzehnt im Raume. Mit der von mir bei ihrem Erscheinen 1974 als „orthogonal" bezeichneten Projektion, die nach altem Kartographenbrauch bald mit dem Namen ihres Schöpfers verbunden wurde (Peters-Projektion), ist das objektive geographische Weltbild da.[25])

new global map should be matched by one universally applicable projection system.

After all these requirements had been recognized and defined, they remained neglected for a decade.

An objective geographical world concept was first realized with the publication in 1974 of my projection, dubbed originally the ''orthogonal'' projection and then, according to traditional cartographical custom named after its designer: the Peters Projection.[25]

129

ATTRIBUTE DER NEUEN KARTOGRAPHIE

Kartographie ist, auch wenn sie Wissenschaft geworden ist, noch immer zugleich Kunst. Neben die Forderung der Wahrheit tritt damit die Forderung der Schönheit, deren Eigengesetzlichkeit für die Kartographie ein eigenes Buch füllen würde. Aber wenn auch in dieser, allein auf die Konzeption gerichteten Abhandlung die wichtigen Probleme der Gestaltung unerörtert bleiben, sollen angesichts der engen Verwobenheit und wechselseitigen Abhängigkeit von Konzeption und Gestaltung hier auch einige Fragen erörtert werden, die in beide Bereiche hineinreichen.

NEUER NULL-MERIDIAN

Wenn der durch die Sternwarte von Greenwich laufende Meridian im Jahre 1884 als Null-Meridian Bezugspunkt für alle Ortsangaben in der Welt geworden ist, so lag darin eine Verbesserung gegenüber dem vorher herrschenden Zustand weltweiter Verwirrung, da fast jedes Land alle Ortsangaben auf seine eigene Sternwarte bezog (Paris, Kopenhagen, Athen, Oslo, Washington, Pulkowa, Santiago). Aber dieser Entschluß der Europäer, den Null-Meridian der Sternwarte ihrer stärksten Kolonialmacht als allgemein verbindlich zu erklären, legte dem Londoner Vorort Greenwich noch keinen objektiven Wert bei – und diese willkürliche europazentrische Entscheidung kann keine Dauer haben, weil die Epoche der europäischen Weltherrschaft vorüber ist, und weil es für den Null-Meridian einen Ort gibt, dem dieser objektive Wert beizumessen ist: Die Datumsgrenze. Dort, wo der Tag zu zählen beginnt, muß auch die Zählung der Meridiane beginnen. Leider befindet sich aber infolge der willkürlichen Bestimmung von Greenwich als Ort des Null-Meridians die Datums-

ATTRIBUTES OF THE NEW CARTOGRAPHY

Despite having become a science, cartography remains at the same time an art. Together with a demand for fidelity in the end product there is also a demand for beauty – about whose own peculiar rules a book could be written.

Although this dissertation concerns itself only with conceptions and not with visual appearances, some questions which equally affect both these spheres should be mentioned.

THE NEW ZERO MERIDIAN

The international agreement of 1884 to place the zero meridian through Greenwich observatory was a considerable improvement on the previous situation where each country placed its own zero meridian through its own national obvervatory, but it lacked true objectivity and was a recognition of Britain's leading position in the world at that time. The world has changed and there is a point which might objectively be selected as the best place for the zero meridian: the international date line. There, where the day begins, so too could the meridians.

Unfortunately the date line is directly related to the existing zero meridian with all the disadvantages that this irrational placing involves and so it too must be moved.

grenze heute noch auf einer an den Null-Meridian gebundenen willkürlichen Linie, und sie muß, insbesondere, wenn nun der Null-Meridian mit ihr zusammenfallen soll, verlegt werden.

NEUE DATUMSGRENZE

Heute liegt die Datumsgrenze auf dem 180. Grad östlicher und westlicher Länge, also von Greenwich aus in jeder Richtung rund um die Erde gleichermaßen einen halben Erdumfang entfernt. Da diese Linie aber durch den asiatischen Kontinent läuft und die Datumsgrenze möglichst kein bewohntes, einheitlich verwaltetes Gebiet durchschneiden soll, wurde sie nach beiden Seiten hin um fast 1000 Kilometer ausgebeult. Dadurch läuft sie nun durch die Beringstraße, westlich an den Aleüten vorbei, dann auf dem 180. Meridian nach Süden und macht unmittelbar südlich des Äquators noch einmal einen 4000 Kilometer großen Bogen, um weder die Fidji-Inseln noch die zu Neuseeland gehörenden Inselgruppen im südlichen Pazifik zu berühren. Diese gewundene Datumsgrenze würde mit dem Fortfall von Greenwich als Null-Meridian ihrer Grundlage beraubt. Die neue Datumsgrenze fiele dann an den auf der Erde natürlich für sie vorgezeichneten Platz: In die Mitte der Beringstraße. An jedem anderen Orte der Erde würde die Datumsgrenze, bei dem für sie zu fordernden gradlinigen Verlauf, entweder einen Kontinent durchschneiden oder Island und Grönland. Sonst müßte sie sich, wie heute, kreuz und quer durch die Meere schlängeln. Da aber in der Mitte der Beringstraße die Datumsgrenze ihren natürlichen Platz hat, ist es folgerichtig, sie auch dorthin zu legen, wie ich es auf meiner 1974 erschienenen Erdkarte getan habe. Der Kartenschnitt der Erdkarte auf dieser Linie, der für zwei Drittel der bewohnten Erdoberfläche als bester Schnitt gelten muß, erscheint dadurch als die natürliche Entsprechung geographischer Gegebenheiten.

NEUES GRADNETZ

Am Beginn der menschlichen Kultur stand die Dezimalrechnung, die gewiß der Zeit entstammt, da sich die Menschen noch alles an ihren zehn Fingern abzählten.

THE NEW DATE LINE

This line lies at present on the 180th degree of eastern (or western) longitude, i.e. diametrically opposed to Greenwich. As this line cuts through Asia, and as the international date line may not pass through any inhabited areas, it has been distorted by 1,000 km to either side. It now runs through the Bering Strait, west of the Aleutians, then down the 180° meridian until just below the equator when it makes another 4,000 km-long arc around Fiji and a group of islands belonging to New Zealand. If the zero meridian were no longer to pass through Greenwich, the date line would lose its validity and a new one could be drawn in the most natural place — the middle of the Bering Strait. At any other place a date line would, if straight, cut inhabited areas, or have to be distorted as is the present one. The middle of the Bering Strait was the point to which the international date line was moved on my global map in 1974. This line, which must be considered the best division for two thirds of the inhabited surface of the earth, is the choice in accord with natural geographical conditions.

THE NEW GRID SYSTEM

The decimal system stems certainly from the dawn of history when people counted on their fingers; with the advent of mathematical thought, connected with the development of planned astronomical observa-

Aber mit den ersten Ansätzen zu mathematischem Denken, wie sie mit der Entwicklung der planmäßigen Sternbeobachtung verbunden waren, wuchsen daneben zwei konkurrierende Zahlen-Systeme empor. Vor 4900 Jahren entstand in Indien ein auf der 2 beruhendes Rechensystem, das heute als ‚binäres‘ System die Computertechnik trägt. Gleichzeitig entwickelte sich in Mesopotamien das auf der Zahl 60 beruhende Sexagesimalsystem, das bei der Zeitmessung (60 Minuten – 60 Sekunden) wie in der Geometrie ($6 \times 60 = 360$ Grad = Kreisumfang) bis heute benutzt wird. In der Mathematik setzte sich das Dezimalsystem durch, seit in Indien die Null erfunden und in Arabien durch Al Karismi das Dezimalsystem darauf aufgebaut war, also vor fast 1200 Jahren. Inzwischen beruhen in fast allen Ländern der Erde Maß, Gewicht und Währung auf dem Dezimalsystem. Infolge ihrer engen Verbundenheit mit der Geometrie orientierte sich die frühe Kartographie auf die Sexagesimalrechnung: Weil der Kreis mit 360 Grad berechnet wurde, teilte Hipparch vor über 2000 Jahren die Erde in 360 Abschnitte (Meridiane). Dabei ist es bis heute geblieben.

Da die Kartographie über ihre Kartennetze in unserer Epoche nicht mehr geometrisch projiziert, sondern mathematisch konstruiert, legt sich ihre Orientierung auf das die Arithmetik tragende Dezimalsystem nahe.

Auch die Geometrie unternimmt übrigens seit Beginn unseres Jahrhunderts vorsichtige Versuche zur Umstellung auf das Dezimalsystem durch Zuordnung von 100 statt 90 Grad zum rechten Winkel. Eckert berichtete 1921, daß die große offizielle ‚Carte de France‘ auf der Dezimaleinteilung des rechten Winkels beruht. Auch in Deutschland gibt es seit mehr als 50 Jahren Versuche zur Umstellung der Winkeleinteilung auf das Dezimalsystem. Doch braucht die Kartographie diese Entwicklung der Geometrie nicht abzuwarten. Als eigene Wissenschaft sich konstituierend, hat sie die Freiheit, der Geometrie vorauszugehen, zumal sie durch ihre zunehmend auf die Arithmetik orientierte mathematische Grundlage längst das dieser zugehörige Dezimalsystem sich hätte zu eigen machen können. Aus diesen Gründen mußte die Neue Kartographie ihre Gradnetze auf das Dezimalsystem aufbauen.

Der Umstand, daß auch unsere Uhren noch auf dem Sexagesimalsystem beruhen (12 Stunden à 60

tion, two other systems came into competition with it. 4,900 years ago the binary system (to the base two) was invented in India and is still of great service to the computer industry today. Simultaneously in Mesopotamia the sexagesimal system (to the base sixty) was developed. This system is still used today in geometry ($6 \times 60 = 360$ degrees) and in chronology (60 seconds, 60 minutes).

The decimal system obtained supremacy almost 1,200 years ago after the value zero was invented in India and incorporated into the decimal system in Arabia by Al Karismi. Nowadays length, weight and currency in almost all countries adhere to this decimal system.

Due to its close association with geometry, early cartography also adopted the sexagesimal system and the globe was thus divided over 2,000 years ago by Hipparchus into $360°$ (meridians), a system retained until today.

Modern cartography has abandoned geometrical grid construction in favour of mathematical means and this implies the adoption of the decimal system.

Even in geometry careful experiments were made at the beginning of our century to convert to the decimal system whereby a right angle would have one hundred degrees instead of ninety.

In 1921 Eckert wrote that the great official ‘Carte de France’ was based on a decimally divided right angle. Attempts have been made for the last fifty years in Germany to introduce decimal division to angular measurement.

But cartography does not have to await these geometric developments; as a science in its own right it may proceed beyond geometry and adopt the decimal system which is so appropriate considering that grid systems have been produced by mathematical means for years.

For these reasons the new cartography must construct its grid systems on the basis of the decimal system.

The fact that our clocks, too, are still based on the sexagesimal system (twelve hours at sixty minutes at sixty seconds) should not be an excuse for cartographers to stick to the old grid but an encourage-

Minuten à 60 Sekunden), sollte für die Kartographen keine Entschuldigung für das Festhalten am alten Gradnetz sein, sondern eine Ermutigung zur schnellen Einführung des Dezimalgradnetzes. Bei der natürlichen Verbindung zwischen Uhrzeit und Gradnetz würden dann vielleicht auch unsere Uhren früher den Sprung in die dezimale Tageseinteilung tun.

NEUE GELÄNDEDARSTELLUNG

Ein Punkt der Erdoberfläche ist mit seiner Festlegung nach Meridian und Breitenkreis noch nicht ganz bestimmt; neben seine geographische Länge und Breite tritt als dritte Koordinate die Höhe. Darunter versteht man die Entfernung eines Punktes von der mittleren Höhe des Meeresspiegels. Man mag einwenden, daß der Höhenunterschied auf der Erdoberfläche insgesamt nur 20 Kilometer beträgt, davon noch mehr als die Hälfte unter dem Meeresspiegel. Und tatsächlich ist dieser Höhenunterschied so gering, daß der höchste Berg der Erde in maßstäblicher Darstellung auf einer Atlaskarte nicht einmal die Stärke einer Buchseite ausmachen würde. Aber für den Menschen und seine Lebensentfaltung ist dieser Höhenunterschied von großer Bedeutung, und für den Benutzer einer Karte ist die genaue Höhenangabe für jeden Punkt der Erde eine unverzichtbare Grundaussage. Diese Höhenangabe ist neben den Angaben über die Verteilung von Land und Wasser (Gewässernetz) Grundaussage der physischen Karte, die ihrerseits Grundlage aller Geographie ist.

Aber in der naturgetreuen Veranschaulichung der Geländestruktur liegt für die Kartographen eine schwer lösbare Aufgabe, denn die dreidimensionale Erdoberfläche ist auf der zweidimensionalen Kartenebene nur durch Assoziation darstellbar. Sieht man von dem eindrucksvollen Versuch ab, die Erdoberfläche als plastisches Modell durch Überhöhung zu strukturieren und dieses „Gelände" dann über fotografische Aufnahmen kartographisch wiederzugeben (Wenschow), so bleiben dem Kartographen zwei Wege zur Lösung dieser Aufgabe: Einfärbung der verschiedenen Höhenlagen des Geländes (wobei ständige Kartenbenutzung die Assoziation bestimmter Kartenfarben zu den entsprechenden Höhenlagen des Geländes bewirkt) oder: Hell-Dunkel-Zeichnung der Abhänge (Schraffen, Schummerung). Beide Metho-

ment for quick introduction of the decimal grid. As time and grid are naturally connected, clocks would then perhaps jump sooner into the decimal division of the day.

THE NEW REPRESENTATION OF TERRAIN

A point on the earth's surface is, with its fixation according to meridian and parallel, not quite determined; beside its geographic longitude and latitude the third coordinate of altitude is necessary. This means the distance of a point from the middle altitude of sea level. It could be objected that the difference in altitude on the earth's surface is only twenty kilometers, of which more than half lie below sea level. Considered in absolute terms this difference in altitude is so minimal that the highest mountain on earth, if represented to scale in an atlas, would not even reach the thickness of a sheet of paper. But for humans and the development of their life and habits this difference in altitude is of great importance, and for the user of a map exact information about the altitude of every spot on earth is an indispensable statement. This information about altitude is, like information about the distribution of land and water, the basic statement of a physical map, which in itself is the basis of all geography.

But for the cartographer to represent the structure of terrain true to nature is a difficult task, for the three-dimensional reality can only through association be represented on the two-dimensional level of the map. If we refrain from the impressive attempt to structure the earth's surface as a plastic model by super-elevation and then cartographically to render this 'terrain' by means of photography (Wenschow), the cartographer has only two possibilities to solve this task: colouring of different levels of altitude (in which case steady use of maps leads to the association of certain map colours to corresponding levels of altitude in the terrain), or chiaroscuro drawing of slopes (hatching, shading). Both methods can be used together. With colouring the choice of colours is important. If the colour used on the map corresponds to the natural colour of the terrain that is represented the

den können additiv angewendet werden, wobei sie einander ergänzen und beeinträchtigen. Bei der Einfärbung ist die Farbwahl von Bedeutung. Entspricht die Kartenfarbe der natürlichen Farbe des dargestellten Geländes, so ist die assoziative Zuordnung leichter. In Europa sind die Ebenen fruchtbar und also grün, oberhalb der Wachstumsgrenze scheinen die Berge oft bräunlich. Die Grün-Braun-Färbung des Geländes (in hohen Gebirgslagen mit dem Weiß der Schneekuppen gekrönt) beherrscht so die europäische Epoche der Kartographie. Außerhalb Europas aber sind die Ebenen häufig nicht fruchtbar und grün, sondern gelb (Wüsten) oder bräunlich (Steppen) oder weiß (schneebedeckt). So eignet sich die Grün-Braun-Färbung mit weißen Bergkuppen nicht für die Epoche eines universalen geographischen Weltbildes, in die wir eintreten. Erdschichten gleicher Höhenlage müssen nun, unabhängig davon, in welchem Teil der Erde sie liegen, einheitlich eingefärbt sein. Diese Forderung ist auch durch die Prämisse der Systematik unabdingbar, ohne die die Kartographie nicht zu einer Wissenschaft werden kann.

Europäische Verlage (Esselte, Westermann, Klett, Kümmerly + Frey) haben in den letzten 20 Jahren versucht, Bodenbedeckungskarten an die Stelle physischer Karten zu setzen. Gewiß enthalten Bodenbedeckungskarten interessante Aussagen, insbesondere über die landwirtschaftliche Nutzung der Erde. Aber diese Aussagen gehören (wie etwa Bevölkerungsdichte, Bodenschätze, Lebensstandard, Bildungswesen, Sterblichkeit, Einkommensverhältnisse) nicht zur geographischen Grundaussage. Sie sind eine thematische Aussage unter anderen, die man nach den Intentionen des Verfassers oder den Interessen der Leser bringt oder fortläßt. Die Bodenbedeckungskarte kann also nicht an die Stelle der physischen Karte treten, die Grundlage aller geographischen (auch aller anthropogeographischen, kulturgeographischen und wirtschaftsgeographischen) Aussagen ist und bleiben muß; sie kann die physische Karte ergänzen, aber nicht ersetzen. Die Neue Kartographie hält deshalb an der physischen Karte als geographischer Grundaussage fest. Sie erstrebt für die physische Karte eine wirklichkeitsgetreue, universell-gültige Geländedarstellung.

Sieht man von der Bodenbedeckung ab (die auf eigenen Karten zusätzlich darzustellen ist), so kann man davon ausgehen, daß die Farbe des nicht von

associative assignment is easier. In Europe plains are fertile and consequently green, mountains above the timber-line appear mostly brownish. Consequently a green-brown colouring (crowned in high mountain positions by the white colour of snow caps) dominates the European period of cartography. Outside Europe the plains are, however, often not fertile and green, but yellow (deserts), or brownish (steppes), or white (snow). Thus the green-brown colouring with white snow caps is not suitable for the epoch of a universal image of the world which we are entering. Levels of equal altitude must now be uniformly coloured independent of the part of the earth in which they are situated. This demand is indispensable already from the premise of systematics without which cartography cannot be scientific.

European publishers (Esselte, Westermann, Klett, Kümmerly + Frey) have in the past twenty years tried to replace physical maps by maps showing the covering of the soil. Certainly such maps contain interesting information, especially on the agricultural utilization of the earth. Such statements, however (like population density, mineral resources, standard of living, education, mortality rates, income) are not parts of basic geographic information. They are merely thematic statements among others which may be included according to the intentions of the publisher or the interest of readers, or may be left out; they cannot, therefore, replace the basic general information of a physical map. A vegetation map cannot replace the physical map which remains and must remain the basis of all geographical statements (including anthropological, human and economic geography); it can complement but not replace the physical map. The new cartography, therefore, sticks to the physical map as the basic geographic statement. Its aim for the physical map is a representation of terrain that is true to nature and universally valid.

If one leaves out vegetation (which has to be represented additionally on maps of its own) one can accept that the colour of the earth's surface, in so far as it is not covered by water, lies worldwide between yellow and brown. Thus it would be in harmony with natural facts if physical maps (on which oceans, rivers and lakes are represented in their natural blue colours) were represented by a scale of brownish colours, with lower terrain in traditionally brighter colours than more elevated mountain regions. Such colouring can

Wasser bedeckten Erdreichs weltweit zwischen gelb und braun liegt. So entspräche es den natürlichen Gegebenheiten, wenn physische Karten (auf denen Meere, Flüsse und Seen im Blau der Natur wiedergegeben werden) die Landflächen in einer bräunlichen Farbskala darstellen würden, wobei man traditionsgemäß das tiefer gelegene Gelände heller einfärben wird als die höheren Berglagen. Diese Farbgebung kann auch vom Plotter durch additive Berührung mit dem gleichen Farbgeber erzielt werden, wodurch die physische Karte computergerecht wird. Bei der Meeresfläche hält die neue Kartographie an der Blaueinfärbung als der naturnächsten Darstellungsweise fest, wobei in analoger Weise durch additive Anwendung des Hellblau Punkt für Punkt entsprechend der tatsächlichen Meerestiefe zur Anschauung gebracht wird. Auf diese Weise wird auch die optische Überbetonung der Landflächen gegenüber den Wasserflächen der Erde überwunden, wie sie durch deren bunte Einfärbung gegenüber der eintönigen Meereseinfärbung bisher insinuiert wird.

Durch eine Punkt-für-Punkt-Zeichnung des Geländes (bei der die Punktgröße vom Flächenmaßstab und von technischen Gegebenheiten bestimmt ist) wird die bisherige Technik der Geländedarstellung so verfeinert, daß man von einer neuen Geländedarstellung sprechen muß. Der Höhenpunkt tritt an die Stelle der Höhenschicht, die Höhenlinie kann wegfallen oder als Zusatzinformation beibehalten werden. Die Messung der genauen Höhe jedes Geländepunktes der Erde, entscheidende Voraussetzung der neuen Geländedarstellung, kann heute bereits durch Echolot von Schiffen oder Satelliten aus erfolgen. Durch die exakte Übertragung der so ermittelten Höhenlage jedes Punktes der Erdoberfläche gewinnt die Karte eine neue Qualität: Jeder einzelne Punkt der Erdoberfläche ist nun nicht nur nach geographischer Länge und Breite, sondern auch nach geographischer Höhe bestimmt. Dem Kartographen bleibt es überlassen, ob er diese exakte farbliche Kennzeichnung der Höhenlage auf der physischen Karte durch Hinzufügung von Schummerung oder Schraffen zu plastischer Wirksamkeit bringen will (was auf den Meeresflächen ebenso wirksam ist wie auf den Landflächen). Durch die strenge Reduzierung der physischen Karte auf die Darstellung der natürlichen Beschaffenheit der Erdoberfläche wird außer der Exaktheit und der Universalität noch eine wesentliche Forderung der

be achieved by the plotter through additive contact with the same colour spender whereby the physical map meets the computer's possibilities. In representing the surface of oceans the new cartography retains the blue colouring as the most natural way of representation; in an analogous way the actual depth is represented point by point by additive application of light blue. Thus the optical overaccentuation of the landmass as opposed to the expanse of water, as is insinuated through its varied colouring against the monotonous colouring of the sea, is overcome.

Through a point-to-point drawing of terrain (with the size of the dots determined by scale and given technical facts) the traditional technique of representing terrain is refined to such an extent that one must speak of a new representation of terrain. The spot height replaces the spot level, the contour line can be dropped or retained as additional information. Measuring the exact height of any landmark on earth, a decisive premise of the new representation of terrain, can be done by echo sounder from ships or satellites. An exact transfer of the spot height thus gained gives the map a new quality: Every single spot on the earth's surface is now defined not only by geographic longitude and latitude but also by geographic altitude. It is up to the cartographer whether he will plastically reach this exact colour marking of altitude on the physical map through additional hatching or shading, which is as effective on water as on the landmass. By strict reduction of the physical map to the representation of the natural condition of the earth's surface, another essential demand of the new cartography is effected besides its exactness and universality: the unambiguity of what the map states. In an age of quick generalisation in education and thirst for learning, maps must be easily readable to be understandable for everybody. This aim which makes the exactitude of the map's statement indispensable can only be realized when each map contains only one single statement, with the possibility of representing several other pieces of the same relevant information.

Thus misunderstandings can be excluded which in the representation of different statements on one map

neuen Kartographie verwirklicht: die Eindeutigkeit der Kartenaussage. Im Zeitalter der schnellen Verallgemeinerung von Bildung und Wissensdurst müssen Karten leicht lesbar sein, damit sie für jedermann verständlich sind. Dieses Ziel, das die Klarheit der Kartenaussage unabdingbar macht, ist nur zu verwirklichen, wenn jede Karte nur eine einzige sachliche Aussage zur Anschauung bringt (wobei die Darstellung mehrerer Informationen zur gleichen Sachaussage möglich ist).

Auf diese Weise werden auch Mißverständnisse ausgeschlossen, die bei der Darstellung mehrerer Aussagen auf einer Karte fast unausbleiblich sind. Wenn etwa im DTV-Atlas zur Weltgeschichte, Band I, die Vertreibung der Juden aus Mitteleuropa und die Ausbreitung der Pest auf einer einzigen Karte dargestellt sind (S. 154), wird ein Zusammenhang zwischen diesen beiden Karteninhalten insinuiert. So ist die Forderung nach Reduzierung jeder Kartenaussage auf einen einzigen Inhalt auch ein Gebot der im Zeitalter der Wissenschaft gebotenen Objektivität. Aus ihr folgt notwendig die nächste Qualität der neuen Kartographie:

are almost unavoidable. If, for instance, in the DTV-Atlas of World History, vol. I, the expulsion of Jews from Central Europe and the spread of the plague are represented on one map (p. 154), a connection between both contents of the map is insinuated. Thus the demand to reduce every statement on a map to one single subject matter is in the age of science also a demand for necessary objectivity.

From this follows the next quality of the new cartography:

NEUE FARBGEBUNG

Bei der politischen Karte bringt gleiche Einfärbung ganzer Länder zunächst deren einheitliche Verwaltung zum Ausdruck. Durch Zuordnung der gleichen Farbe an mehrere Länder wird optisch die Gemeinsamkeit der gleich oder ähnlich eingefärbten Länder signalisiert. Diese Farbaussage entstand im Zeitalter der europäischen Kolonialherrschaft, als vor 300 Jahren der deutsche Pädagoge Johannes Hübner in seinem Atlas nicht mehr jedem Herzogtum und jeder Provinz eine eigene Farbe zuordnete, sondern ganze Staaten einheitlich einfärbte – und natürlich deren kolonialen Besitz in aller Welt in der gleichen Farbe. So konnte man mit einem Blick sehen, einen wie großen Teil der übrigen Welt jeder europäische Staat unterworfen hatte, beherrschte, ausbeutete. Bis in die sechziger Jahre unseres Jahrhunderts mag diese Einfärbung der politischen Karten auch eine wichtige Information gegeben haben. Heute, da die außereuropäische Welt politisch selbständig ist, scheint es unsinnig, wenn etwa Indien, Kanada und Australien weiterhin im englischen Rot eingefärbt werden, nur,

THE NEW COLOUR SCHEME

The political map is a different case. By the application of one colour to an entire country or state one expresses the homogeneous nature of its administration. By applying the same colour to several countries their commonality is optically shown. This duality of expression began in the European colonial period when, 300 years ago, the German teacher Johannes Hübner no longer coloured every duchy and province in the same colour but allotted one particular colour to each state, and of course to all its colonies.

Thus at one glance it was possible to see how much of the globe each European power had conquered and exploited.

Up until the 1960s this information was relevant but now, when the non-European world is independent, there is little point in maintaining India, Canada and Australia in British red merely because they once belonged to Britain.

Additionally, the retention of this colour scheme is a reminder of an embarrassing period of history. The increasing sense of identity among the peoples of

weil sie früher einmal britische Kolonien waren. Mehr noch: Diese koloniale Einfärbung hält die Erinnerung wach an eine schmerzliche Periode der Menschheitsgeschichte. Wir brauchen also in unserer nachkolonialen Epoche für unsere politischen Karten eine neue Einfärbung. Das zunehmende Zusammengehörigkeitsgefühl der Völker Europas, Asiens, Afrikas, Australiens und Amerikas legt, wie deren geographische Vorgegebenheit, die Einfärbung der Kontinente in einer Grundfarbe nahe. Da aber die Kontinente noch aus souveränen Staaten bestehen, ist es angezeigt, die einzelnen Staaten durch Nuancierung der Grundfarbe jedes Kontinents zu unterscheiden. Die scheckige Buntheit der alten Erdkarten, die im Zeitalter der europäischen Weltherrschaft einem Informationsbedürfnis entsprach, sollte nun dem Bilde der Erde mit harmonisch abgestuften modifizierten Kontinentfarben weichen.

Vor zu großer Buntheit könnten auch die thematischen Karten bewahrt bleiben. Nachdem die moderne Drucktechnik es erlaubt, Dutzende von harmonisch sich fügenden und dabei genügend voneinander trennenden Farbnuancen nebeneinander zu stellen, ist bei den meisten Kartenaussagen die Verwendung einer einzigen Farbrichtung in zahlreichen Varianten geboten. Die Aufhellung und Vertiefung der Farbe gibt dabei den Eindruck der Abschwächung oder Verstärkung der dargestellten Erscheinung (Bevölkerungsdichte, Unterernährung, Reichtum). Wenn der Inhalt einer Karte die Nebeneinanderstellung mehrerer Erscheinungen fordert, legt sich allerdings die Verwendung einer entsprechenden Anzahl unterschiedlicher Grundfarben nahe, doch dürfte das nur bei Vergleichen und Gegenüberstellungen der Fall sein, da die gebotene Klarheit normalerweise für jede Aussage eine eigene Karte erfordert.

Europe, Asia, Africa, Australia and America contains the basis of a scheme to show each continent in its own colour. As each continent is composed of various states, so these states may be shown by varying shades of the basic continental colour.

The garish colonial map should be replaced by a modified, harmonic, continental colour scheme.

Thematic maps can also be kept from being too multi-coloured as modern printing techniques permit dozens of finely adjusted shades of one colour to be reproduced clearly alongside one another. The lighter or darker shades permit the expression of the intensity of the map's theme: density of population, malnutrition, riches.

If a map's contents demand the expression of multiple themes however, then more than one basic colour may be used; this is permissible in the case of comparison and contrast. Normally each expressive theme requires its own map.

NEUE ATLANTEN

Ptolemäus hatte schon vor 1800 Jahren in sein Buch ,Geographie' eine Anzahl von Karten eingebunden (die Angaben schwanken zwischen 28 und 64 Karten), aber erst 1400 Jahre später schuf Mercator das, was wir heute einen Atlas nennen: Ein Buch, dessen Karten insgesamt ein Bild unserer Welt geben. Mercator hatte der neuen Sache auch den neuen Namen gegeben: Atlas, eine Gestalt der griechischen

NEW ATLASES

Eighteen hundred years ago Ptolemy included a number of maps in his book 'Geography' (the number of maps varies from 28 to 64 in different sources) but it was to be fourteen hundred years later that Mercator produced what we would now term an atlas: a book whose maps give a comprehensive picture of the world. It was Mercator who named it 'Atlas': a figure from Greek mythology, son of Gaea (Earth)

Göttersage, Sohn der Erde (Gäa) und des Himmels (Uranos), wählte er als Symbolgestalt für sein Kartenwerk, weil Atlas nach der Mythologie auf seinen Schultern das Himmelsgewölbe trägt. Das Weltbild sollte also Mercators Buch zur Anschauung bringen. Und wie sah das Weltbild des Mercator aus? 51 Karten von Deutschland, Belgien und Frankreich füllten den ersten Band, 21 Karten von Italien, vom Balkan und von Osteuropa den zweiten, 18 Karten von England, Skandinavien und vom Polargebiet den dritten.

Das war das Weltbild des 16. Jahrhunderts: Die außereuropäische Welt war entdeckt, wurde erobert und ausgebeutet, gehörte aber nicht zur eigentlichen Welt, sie mußte auf Seefahrerkarten (auch auf Mercators Erdkarte) möglichst genau gezeichnet sein, damit man sie fand, aber einer eigenen Seite in seinem Atlas, der doch nur die eigentliche Welt darstellte, war sie nicht würdig. Als Adolf Stieler vor 150 Jahren einen neuen Typ Atlas schuf, waren darin auch einige Karten der übrigen Kontinente enthalten, wie es dem Weltbilde des 19. Jahrhunderts entsprach, das Europa dem Höhepunkt seiner Weltmacht entgegenführte. Und so ist die Struktur unserer Atlanten bis heute geblieben: Mehr als die Hälfte der Karten stellen die Länder des europäischen Kontinentes dar, der nur $^1/_{16}$ der Landfläche der Erde bedeckt. Ein Land wie die Schweiz (41.000 qkm) erhält eine eigene Doppelseite, weil es den Vorzug hat, in Europa zu liegen. Zehnmal größere Länder wie Kamerun (475.000 qkm) muß man auf einer Übersichtskarte ‚Afrika‘ oder ‚Zentralafrika‘ suchen. Nicht einmal ein zweihundertmal größeres Land wie Brasilien (8.512.000 qkm) ist auf einer eigenen Doppelseite abgebildet, sondern auf einer Übersichtskarte von Südamerika mit einem Dutzend anderer Staaten, oder es ist in zwei Hälften auf zwei Teil-Übersichten von Südamerika verteilt. Die außereuropäischen Länder werden durch den Maßstab kleiner abgebildet als die Länder Europas und sie kommen in ihrer Individualität nicht zur Anschauung. Dieser doppelte Mangel ist zudem dem Benutzer nicht bewußt. Ihm erscheinen die Staaten Europas als selbständige Subjekte einer individualisierenden Erdbetrachtung, die außereuropäischen Staaten aber als bloße Objekte einer generalisierenden Geographie. Solange die außereuropäischen Länder bloße Objekte europäischer Eroberung und Ausbeutung waren, mochte solche Betrachtungsweise ange-

and Uranus (Heaven), who carried the globe on his shoulders. The atlas was designed to express Mercator's view of the world, but what was this view? The first volume held 51 maps of Germany, Belgium and France, the second had 21 maps of Italy, the Balkans and eastern Europe; the third 18 maps of England, Scandinavia and the polar region.

This then was the global concept of the 16th century; the non-European part of the world had been discovered, conquered and exploited, but did not belong to the real world – it had to be drawn as exactly as possible on navigational charts (and on Mercator's global map) so that its parts might be located, but it did not deserve its own page in his atlas.

One hundred and fifty years ago Adolf Stieler produced a new type of atlas (still current) which included the non-European continents as the 19th century world concept demanded, with Europe at the zenith of its power.

More than half the maps are dedicated to portraying Europe ($^1/_{16}$ of the total global land masses); Switzerland – 41,000 square km in area – has its own double page purely because it is lucky enough to be in Europe. Countries ten times this size such as the Cameroons (475,000 square km) are only to be found on a general map such as ‘Africa’ or ‘Central Africa’.

Not even Brazil (200 times as large as Switzerland with an area of 8,512,000 square km) enjoys its own double page but is included on a general map of South America with a dozen other states – or in separate halves on two such maps!

The non-European countries are portrayed on a smaller scale than those of Europe and their individuality is not expressed.

These faults are not taken into account by the user of the atlas: the European countries appear as independent subjects of an individualising view of the world, the non-European states as mere objects of a generalizing geography.

This concept may have been valid in the era of European world domination, but nowadays all countries of the world must be portrayed with equal emphasis – the Eurocentric global concept is passé; it is now essential that the equality of the world's peoples be expressed in our global maps.

Atlases nowadays generally fulfil three main requirements: uniformity of map image, uniformity of layout and uniformity of presentation. The most vital

messen sein. Doch diese Zeit ist vorüber, und also müssen unsere Atlanten die Länder der Erde paritätisch darstellen. Das europazentrische Weltbild ist im postkolonialen Zeitalter unhaltbar geworden. Da die Atlanten es nicht weniger festschreiben als die Erdkarten, ist ihre grundsätzliche Veränderung im Sinne einer auf der Gleichrangigkeit aller Völker und Länder beruhenden Parität unaufschiebbar.

Drei Forderungen erfüllen die Atlanten heute weitgehend: Einheitliches Kartenformat, einheitliche Signaturen, einheitliche Gestaltungsweisen. Aber die entscheidende Einheitlichkeit fehlt allen Atlanten bis in unsere Tage: Die einheitliche Projektion. Vergeblich suchen neuere Atlashersteller den Benutzer durch leichtverständliche Zeichnungen mit den Merkmalen einiger Projektionen bekanntzumachen – die Projektionsweisen der Karten im Atlas sind meist ganz anderer Art als die erklärten Grundtypen der Projektion, und in der Regel fehlt sogar der Name der den Karten zugrunde liegenden Projektion. So bleibt die Projektionslehre in den Atlanten ein hübscher Buchschmuck ohne praktischen Nutzen.

Das Vorhandensein einer universalen, für alle Karteninhalte geeigneten Projektion macht in unserer Epoche nun auch die Verwendung einer einheitlichen Projektion für den ganzen Atlas möglich und also wünschenswert. Diese Projektionsweise mit ihren Vorzügen, Grenzen und Mängeln im Buchdeckel neuer Atlanten zu erläutern, könnte dann hilfreich sein.

Die Bezeichnung ‚Atlas‘ wird heute nicht mehr ausschließlich auf Kartenbände angewendet, die im Sinne des Atlas-Symbols echte Weltbilder sein wollen – so gibt es bayerische, deutsche, europäische Atlanten. Aber neben diesen lokalen Atlanten muß es einen Atlas geben, der alle Länder und Kontinente paritätisch abbildet, einen Kartenband, der wirklich die ganze Erde zur Vorstellung eines echten Weltbildes fügt, und dieser Weltatlas muß (unabhängig davon, ob er diesen tautologischen Namen auf seinen Deckel druckt) streng paritätisch aufgebaut sein, weil sonst der historisch überholte Eurozentrismus fortlebt.

Statt als Korrektiv der Disproportionalität unserer normalen Atlanten zu wirken, unterbauen unsere Geschichtsatlanten das europazentrische Weltbild von der historischen Seite her: Der überwiegende Teil ihrer Karten stellt die Geschichte Europas dar, während die übrigen $^{15}/_{16}$ der Erde mit ihrer Geschichte

feature however, is missing; there is no uniformity of projection.

The atlas makers try vainly to acquaint the reader with the characteristics of new methods; the projections in their atlases are mostly very different from the familiar general maps and most are not even labelled with the name of the basic projection from which they stem. The teaching of projection in these atlases is merely an attractive form of book decoration with no useful purpose.

The existence of a projection which is suitable for all map contents renders possible and desirable its introduction to our atlases as a universally applicable method of portrayal.

It would be useful to explain the advantages, disadvantages and limitations of this projection on the fly sheets of the atlas.

The name 'atlas' is now no longer restricted to volumes of maps covering the entire globe in the spirit of the figure after which they are named. There are Bavarian, German and European atlases, but apart from these local productions there should be an atlas covering the whole world in which all countries and continents are shown to equal degree. This '*World Atlas*' (regardless of whether it bears this tautological name on its cover) must be put together in a strictly neutral manner or else the anachronistic Eurocentricity will live on.

Instead of correcting this disproportionate representation, our historical atlases reinforce it. The majority of their contents show European history while the other $^{14}/_{15}$ of the world are crushed together onto a few pages where they are usually shown just as objects of European colonization from Alexander's campaigns through the Roman Empire to the colonial conquests of the 19th century.

In addition to this, the bulk of our historical atlases are devoted to the events of the last four hundred years (the golden age of Europe) while those of the previous

auf wenigen Seiten zusammengedrängt sind. Dabei werden sie noch hauptsächlich als Objekte europäischer Eroberungspolitik (vom Alexanderzug über das römische Imperium bis zu den kolonialen Eroberungen der letzten Jahrhunderte) dargestellt. Zudem ist der größte Teil unserer historischen Atlanten mit den Entwicklungen der letzten vier Jahrhunderte angefüllt (= Blütezeit Europas), während die vier Jahrtausende vorher, in denen die Grundlagen unserer Kultur vorwiegend in Asien, Afrika und Lateinamerika geschaffen wurden, nur in wenigen, ganz groben Zusammenfassungen behandelt werden (= Blütezeit fast aller außereuropäischen Länder). Das so geschaffene historische Weltbild ist geeignet, die Selbstüberschätzung des weißen Mannes, besonders des Europäers, zu verewigen und die farbigen Völker im Bewußtsein ihrer Ohnmacht zu halten. Zudem bleibt die Geschichte Europas ohne die Kenntnis der Geschichte aller übrigen großen Kulturen der Erde unverständlich. Da Raum und Zeit die Dimensionen unseres Weltbildes sind, ist es von großer Bedeutung, daß gerade die historische Kartographie durch streng paritätische Darstellung die bisherige europazentrische Verzerrung überwindet. Sie ist ein integrierender Bestandteil der Kartographie, und sie muß mit ihr erneuert werden.

4,000 years (in which the foundations of our culture were forged mainly in Asia, Africa and Latin America) are covered in a handful of generalities. These four millenia cover the golden ages of almost all non-European states.

The resultant historical world concept is designed to perpetuate the self conceit of the white man (mainly the European) and to remind the coloured peoples of their powerlessness. Apart from this, the history of Europe can only be understood correctly in the context of the other great cultures of the world.

As space and time are the dimensions of our global concept, it is of great significance that we overcome the Eurocentric distortion of them by their strictly equitable portrayal. It is an integrating cartographical factor which can only be renewed as a whole.

NEUE AXIOME

Der die neue Kartographie begründende Katalog der erreichbaren Kartenqualitäten beruht auf folgenden unmittelbar einleuchtenden Grundsätzen:

a) Die einzige wirklichkeitstreue Wiedergabe der Erdoberfläche ist der Globus.

b) Das Globusbild der Erde ist formtreu, entfernungstreu und winkeltreu sowie flächentreu, achstreu und lagetreu.

c) Der Globus zeigt uns aber nicht die ganze Erde auf einen einzigen Blick und läßt deshalb keine unmittelbaren Vergleiche entfernter Gebiete zu.

d) Bei der Übertragung der Globusoberfläche auf das Kartenblatt (Projektion) gehen Formtreue, Entfernungstreue und Winkeltreue verloren.

e) Die Erdkarte bietet uns die ganze Erdoberfläche auf einem einzigen, zusammenhängenden Kartenblatt dar, und erlaubt so vergleichende Betrachtungen.

NEW AXIOMS

The catalogue of the attainable map qualities on which the new cartography is based rests on the following basic tenets:

a) The only faithful reproduction of the earth's surface is the globe.

b) The globe has fidelity of shape, distance, angle, area, axis and position.

c) The globe does not show the viewer the entire earth at one glance and thus precludes direct comparison between distant places.

d) The transfer of the globe's details onto a flat map by means of a projection causes fidelity of shape, distance and angle to be lost.

e) A global map shows us the entire world at a glance, thus permitting comparative judgements.

f) Die Erdkarte kann von den mathematischen Eigenschaften der Globusoberfläche drei erhalten: Flächentreue, Achstreue und Lagetreue.

g) Die drei erhaltbaren und miteinander zu vereinbarenden mathematischen Qualitäten (Flächentreue, Achstreue, Lagetreue) sind für eine Erdkarte unverzichtbar.

h) Auf mathematische Qualitäten der Globusoberfläche, die bei der Übertragung auf das Kartenblatt erhaltbar, aber mit Flächentreue, Achstreue und Lagetreue unvereinbar sind, muß verzichtet werden — kann auch verzichtet werden, weil es sich dabei um Qualitäten handelt, die für das allgemeine Kartenbild verzichtbar sind (Radtreue, Abstandstreue, Kurstreue, Mittabstandstreue).

i) Alle mathematischen Qualitäten, die mit Flächentreue, Achstreue und Lagetreue vereinbar sind, sollten erhalten werden (Maßstabtreue und Proportionalität).

j) Auch ästhetische, ethische, psychologische, didaktische und praktische Qualitäten, die mit Flächentreue, Achstreue und Lagetreue vereinbar sind, sollten dem Kartenbild hinzugefügt werden (so Universalität, Totalität, Ergänzbarkeit, Klarheit).

k) Die Erdkarte, in der alle diese Qualitäten vereinigt sind, ist die bestmögliche Projektion für alle allgemeinen Karteninhalte.

l) Ihr auf mathematisch-schlüssigem Wege erreichter wissenschaftlicher Charakter gibt der neuen Erdkarte durch die notwendig aus diesen Qualitäten folgende paritätische Darstellungsweise die auch vom wissenschaftlich-weltanschaulichen Standpunkt aus unverzichtbare Qualität der Objektivität.

m) Von allen denkbaren Kartenbildern ist die Abbildung der ganzen Erdoberfläche auf einem Kartenblatt notwendig mit den gröbsten Verzerrungen belastet.

n) Die Erstellung der Erdkarte ist die schwierigste und wichtigste Aufgabe der Kartographie.

o) An der Erdkarte erweist sich die allgemeine Eignung einer Projektion.

p) Die Projektionsweise, die sich für die Erstellung der Erdkarte am besten eignet, ist auch für die allgemeine Darstellung jedes Teilgebietes der Erdoberfläche (außer den Polargebieten) die beste.

q) Die für alle allgemeinen Erdkarten und Ausschnittkarten beste Projektionsweise ist konstituierend für die neue Kartographie.

f) Three mathematical properties of the globe can be retained in a global map: fidelity of area, axis and position.

g) These three qualities are essential in a global map.

h) Other mathematical properties of a globe, which may be incorporated into a global map but which are incompatible with fidelity of area, axis and position, must be sacrificed and are anyway expendable (fidelity of interval, of navigation, of radius and of equidistance).

i) All mathematical qualities which are compatible with fidelity of area, axis and position should be retained in the map (fidelity of scale and proportionality).

j) Aesthetic, ethical, psychological, didactic and practical qualities should also be included in the map if they are compatible with the above-mentioned essential qualities. Examples are universality, totality, clarity and supplementability.

k) The global map which combines all these qualities is the optimal projection for all general maps.

l) This new map, with its scientific character based on its mathematical construction, achieves the further essential virtue of objectivity in that its presentation of political and global viewpoints is, of necessity, egalitarian.

m) Of all imaginable maps, that of the surface of the globe is the one bound to include the greatest distortions.

n) The production of a global map is the most important (and the most difficult) task which faces cartography.

o) The suitability of any projection will be shown in its global map.

p) That projection which proves to be the best for a global map must also be the best for the portrayal of any part of the globe — apart from the polar regions.

q) This proven best projection is constitutive for the new cartography.

r) Die auf der Grundlage der neuen Projektionsweise erstellten Kartenbilder unterscheiden sich im Erscheinungsbilde von den herkömmlichen Kartenbildern umso weniger, je kleiner der dargestellte Erdausschnitt ist.

s) Die auf Grundlage der neuen Projektionsweise gezeichneten allgemeinen Karten sind durch die Summe der ihnen innewohnenden Qualitäten grundsätzlich allen Karten überlegen, die auf herkömmlichen Projektionen beruhen.

r) The difference between maps produced by the old and the new projection system reduces in proportion with the size of the area covered by the map.

s) Maps produced by the new projection are, by virtue of their integral qualities, superior to maps produced by traditional methods.

NEUE PRÄMISSEN

Die neue Kartographie beruht nicht nur auf Grundsätzen, die unmittelbar einleuchten und deshalb keiner Begründung bedürfen (Axiome), sie setzt daneben Grundsätze voraus, die mit guten Gründen bestritten werden können, und die deshalb hier in drei Abschnitten begründet werden sollen:

NEW PREMISES

The new cartography is built not only upon bases which are immediately comprehensible and thus require no explanation (axioms) but also upon bases which may well be disputed and which are thus here explained in three sections.

I

a) Die neue in unserem Jahrhundert angebrochene Epoche ist das Zeitalter der Wissenschaft.

b) Grundlage aller Wissenschaft ist Objektivität.

c) Das geographische Weltbild aller früheren Abschnitte der Geschichte ist vorwissenschaftlich.

d) Vorwissenschaftliche Weltbilder unterscheiden sich vom wissenschaftlichen Weltbild durch ihre Subjektivität.

e) Alle freien Völker aller vorwissenschaftlichen Epochen haben sich selbst und ihren Lebensraum als Mittelpunkt der Welt betrachtet und kartographisch dargestellt.

f) Letzter Ausdruck des subjektiven Weltbildes der vorwissenschaftlichen Völker ist das im 16. Jahrhundert geschaffene europazentrische geographische Weltbild.

g) Das europazentrische geographische Weltbild hat seinen gültigen Ausdruck in der von Mercator geschaffenen Weltkarte und allen späteren Erdkarten, die dieses subjektive Weltbild fortschreiben.

h) Die mit der europäischen Weltherrschaft einhergehende Ausbreitung des europazentrischen Weltbildes über die ganze Erde legt diesem subjek-

I

a) Our century has seen the dawn of the scientific age.

b) The basis of all science is objectivity.

c) The geographical global concepts of all past ages are pre-scientific.

d) Such global concepts are subjective.

e) All free peoples of these pre-scientific times have regarded themselves and their countries as being the centre point of the world and have constructed their maps to reflect this.

f) The most recent of such subjective global maps was drawn in the 16th century.

g) The Eurocentric geographical world concept found its valid expression in Mercator's subjective global map which has been copied ever since.

h) The spread of this map, which increased with the advance of European global colonization, did nothing to improve upon the subjective nature of the concept it expressed.

tiven geographischen Weltbilde keinen objektiven Charakter bei.

i) Die vom Zeitalter der Wissenschaft heraufgeführte Objektivität läßt die Fortdauer der Allgemeingültigkeit eines subjektiven geographischen Weltbildes ebensowenig zu wie ein Nebeneinander zahlreicher subjektiver Weltbilder.

j) Notwendiges Korrelat des bereits angebrochenen Zeitalters der Wissenschaft ist ein einziges, allgemeinverbindliches, objektives geographisches Weltbild, das durch Exaktheit, paritätische Darstellung aller Länder, Kontinente und Meere sowie durch Fehler-Minimierung gekennzeichnet ist.

i) The objectivity which accompanied the dawn of the age of science forbids the continuing reign of a multiplicity of subjective geographical world concepts.

j) A necessary companion of this scientific age is a single, objective geographical world concept which is characterized by accuracy, egalitarian portrayal of all countries, continents and oceans, and by the minimization of errors.

II

a) Das geographische Weltbild ist seit den Anfängen seiner Geschichte konstituierende Grundlage des allgemeinen Weltbildes.

b) Das geographische Weltbild jeder Epoche ist geprägt und getragen von ihrem Kartenbild der Erde.

c) Das Kartenbild der Erde, wie es bis in die achtziger Jahre des 20. Jahrhunderts das allgemeine Weltbild widerspiegelt, entstammt der Epoche europäischer Weltherrschaft und ist Ausdruck des Überlegenheitsbewußtseins des weißen Mannes.

d) Dieses Überlegenheitsbewußtsein war niemals berechtigt, weil die Überlegenheit der Europäer immer nur wirtschaftlich – militärisch – zivilisatorisch begründet war, und weil auch diese, bloß äußeren Seiten der Kultur von den Europäern nicht geschaffen, sondern nur in selbstsüchtiger Weise mißbraucht worden sind.

e) Auch das europazentrische geographische Weltbild stellt mindestens seit dem Aufkommen wissenschaftlicher Denkweise einen Mißbrauch dar.

f) Die weltweite Verbreitung und kritiklose Verwendung des europazentrischen Weltbildes ist nicht ein Beweis für seine Berechtigung, sondern nur für die totale Herrschaft der europäischen Kolonialmächte in der zu Ende gehenden Epoche.

g) Mindestens seit dem völligen Zusammenbruch der europäischen Kolonialherrschaft ist das mit ihr gewachsene und behauptete europazentrische Weltbild unhaltbar geworden.

h) Ein weiteres Festhalten am europazentrischen geographischen Weltbilde ist dazu angetan, die po-

II

a) The geographic world concept has been since its inception a basic ingredient of the general world concept.

b) The geographic world concept of each era is stamped and formed by its global map.

c) The cartographical global concept of the 1980s reflects the world as it was in the period of European world rule and expresses the white man's arrogance.

d) This arrogance was never justified because European superiority was always based on commercial, military and civilizing factors and because these trappings of culture themselves were never created by Europeans but merely abused by them.

e) The Eurocentric geographical global concept is also an abuse, at least since the birth of scientifically based thought.

f) The blind acceptance and application of this Eurocentric concept is not proof of its justification but of the total control exercised by the European powers in the dying colonial epoch.

g) The Eurocentric global concept has been invalid ever since the collapse of the European colonial era.

h) Any attempt to retain the old geographical world concept must be viewed as an attempt by the European colonial powers to maintain the old exploitation under a new disguise.

litische Freigabe der bisher kolonial-beherrschten Völker als ein taktisches Nachgeben der bedrängten europäischen Kolonialherren erscheinen zu lassen, deren Ziel die Fortsetzung der alten Ausbeutung mit neuen Mitteln ist.

i) Die neue, im Durchbruch befindliche Weltordnung beruht auf dem Bewußtsein der Gleichrangigkeit und Gleichwertigkeit aller Völker der Erde.

j) Mit dem Bewußtsein der neuen Epoche ist das alte europazentrische geographische Weltbild und das ihm zugrunde liegende Kartenbild der Erde unvereinbar.

k) Das geographische Weltbild unserer Epoche und damit das neue Kartenbild der Erde muß Ausdruck des nachkolonialen Bewußtseins der grundsätzlichen Gleichheit aller Völker sein.

l) Das neue geographische Weltbild findet seinen kartographischen Ausdruck in der paritätischen Darstellung aller Länder der Erde.

i) The newly emerging world order is based on the consciousness that all peoples are of equal status and of equal value.

j) The awareness of the new era is incompatible with the old Eurocentric geographical world concept and its map.

k) The new geographical world concept and its associated new map must be an expression of the basic equality of all peoples in this post-colonial era.

l) This world concept is expressed by the egalitarian portrayal of all the countries of the world.

III

a) Wissenschaft, Wirtschaft, Technik, Verkehr machen zunehmend aus den verschiedenen Ländern der Erde einen einzigen Lebensraum.

b) Ungeachtet des Fortbestehens einer Vielzahl einzelner Kulturen, ist das Zeitalter weltweiter Kommunikation angebrochen.

c) Die alle Sprachbarrieren überbrückende bildliche Mitteilung hat im Fernsehen eine Perfektion erreicht, die seit Erfindung der Satelliten praktisch die Teilnahme aller Menschen an allem Geschehen von Bedeutung weltweit ermöglicht.

d) Zu den weltweit verbreiteten visuellen Ausdrucksmitteln gehört die Karte.

e) Die weltweite Verbreitung der Karte fordert ihre weltweite Verständlichkeit.

f) Weltweite visuelle Verständlichkeit setzt ein einheitliches Kartenbild der Erde für alle Länder voraus.

g) Ein Kartenbild der Erde kann nur für die ganze Welt verbindlich sein, wenn es alle Länder paritätisch zur Anschauung bringt.

III

a) Science, industry, technology, communication increasingly reduce the world to a single, contiguous community.

b) Regardless of the fact that many individual cultures continue to exist, the age of global communication has begun.

c) The pictorial communication of modern television has reached such a stage that, with the aid of communications satellites, it can impart information to all peoples on this earth.

d) The map is an integral part of this expression.

e) The global transmission of this map requires that it should be universally acceptable.

f) This in turn demands a uniform method of presentation for each country shown.

g) A global map can only be applicable to the entire world if it portrays all countries equally.

So führen drei konstituierende Prämissen unserer Epoche von verschiedenen Seiten zu dem einen Ergebnis: Wir brauchen ein objektives, exaktes, die Länder der Erde paritätisch zur Anschauung bringendes Kartenbild der Erde, dessen Konstruktionsprinzip auch die Erstellung aller Einzelkarten von allgemeiner Bedeutung erlaubt.

Als geographisch denkender Historiker habe ich die Geschichte der Kartographie mit besonderer Aufmerksamkeit studiert und in meiner Universalgeschichte[26]) als eine der bedeutenden Säulen menschlicher Bewußtseinsbildung zur Anschauung gebracht. Auch die Suche nach den Ursachen für Überheblichkeit und Fremdenhaß führte immer wieder zu der das Weltbild des Menschen prägenden Erdkarte, Symbol und Ausdruck des geographischen Weltbildes der verschiedenen Völker und Zeiten.

Die Vorbereitung eines Atlasbandes zu meiner ‚Synchronoptischen Weltgeschichte' ließ mich später klar die Unbrauchbarkeit aller vorliegenden Erdkarten für eine objektive Veranschaulichung historischer Zustände und Abläufe erkennen.[28]) Eine Bestandsaufnahme führte mich zu anderen Ergebnissen als die sich selbst zunehmend wissenschaftlicher Methoden bedienende Kartographie. Ihre schlechten Karten waren nicht die bestmögliche Lösung des schwierigen Problems der Übertragung der Erdoberfläche auf ein Kartenblatt. Jahrhundertealte Irrtümer wurden von den kartographischen Lehrbüchern fortgeschleppt – und auf ihre falschen Prämissen ließ sich keine richtige Konzeption für das zwingend gebotene neue Weltbild unserer Epoche bauen. Das neue geographische Weltbild war aber so überfällig, daß man auf die Kartographen nicht mehr warten konnte. So begann ich mit einer vorurteilsfreien Bestandsaufnahme, eliminierte das Unhaltbare, errichtete auf dem Richtigen eine neue Kategorienlehre und baute auf diesem festen Grunde das universale Projektionsprinzip, das für alle allgemeinen Karten sowie für alle Völker der Welt annehmbar ist. Seine paritätische Behandlung aller Länder der Erde ist die notwendige Folge seines objektiven Charakters. Die neue Erdkarte, die nach alter kartographischer Sitte bald mit dem Namen ihres Schöpfers bezeichnet wurde (‚Peterskarte'), ist flächentreu, achstreu und lagetreu; ihre Maßstabsangabe ist

These three premises of our age lead to one conclusion: we need a global map which is objective and accurate; which portrays all the countries in an equal manner and whose constructional principle is applicable to all sub-sectional maps which can be produced to complement it.

As a historian with geographical leanings I have studied the history of cartography with special interest. In my universal history I have portrayed it as one of the significant factors in the formation of human awareness.

The quest for the causes of arrogance and xenophobia has led me repeatedly back to the global map as being primarily responsible for forming people's impression of the world seen from their own standpoint.

During the preparation of an atlas volume to accompany my synchronoptic world history[26] it became clear to me that existing global maps were worthless for an objective representation of historical situations and events.[27]

After carefully taking stock of the current situation I came to conclusions which were different from those reached by the increasingly scientific methods of modern cartography. Their poor maps were not the optimal solution to the problem of transferring the features of the globe onto a flat map. Errors committed centuries ago were still being propagated in modern cartographic textbooks and no correct concept for the urgently needed revised world concept of our era could be built on them.

This revision was so overdue that one could no longer wait for the cartographers to catch up. I thus conducted an unprejudiced review, eliminated the untenable precepts and on the remaining bases built a new cartographical teaching which in turn led to the universal projection principle which is acceptable to all peoples as well as on all general maps.

Its egalitarian treatment of all countries of the world is a necessary consequence of its objective character.

This new global map (which in established cartographic manner was soon dubbed the 'Peters Projection' after its creator) has fidelity of area, of axis and of position; its area scale is, due to its basis of construction, exact. The unavoidable distortion is

durch ihre Flächenbezogenheit exakt, die unerläßlichen Verzerrungen verteilt sie gleichmäßig, sie kann die ganze Erde einschließlich der Polargebiete abbilden und ist an den Kartenrändern leicht ergänzbar; sie ist modifizierbar und hat ein klares Kartenbild; ihr Projektionsprinzip ist auch für alle Ausschnittkarten geeignet. Sie wurde auf Grundlage des Dezimalsystems errechnet und gezeichnet und ist mit einem Dezimal-Gradnetz versehen, dessen Null-Meridian (mit der neuen Datumsgrenze zusammenfallend) in der Mitte der Beringstraße liegt, und dessen Meridiane und Breitenkreise (wie Mercator es schon anstrebte) nur einmal durchgehend numeriert sind. Durch ihre Kontinent-Einfärbung hat die neue Erdkarte kolonialistisches Denken auch im Kolorit überwunden. So ist das neue geographische Weltbild Ausdruck der neuen Prämissen und Axiome unserer Epoche.

NEUE GESINNUNGEN

Nach Jahrtausenden egozentrischer, subjektiver Weltbetrachtung beginnt mit dem neuen Kartenbild der Erde und seiner objektiven Weltschau eine Ära universeller Humanität.

Wir sehen die Welt nicht mehr aus dem Blickwinkel des eigenen Landes, sondern das eigene Land aus der Perspektive der Welt. Gleichrangigkeit und Gleichberechtigung aller Völker der Erde ist mit dem neuen geographischen Weltbilde ebenso selbstverständlich verbunden, wie das Überlegenheitsbewußtsein des weißen Mannes und sein Fremdenhaß mit dem alten Weltbilde verbunden gewesen ist.

Das neue Gesicht der Erde, wie es das neue Kartenbild vermittelt, zwingt zur Überprüfung des vertrauten alten geographischen Weltbildes. Weil Karten als objektive Wiedergabe der geographischen Wirklichkeit gelten, ist die Entlarvung des ideologischen Charakters unseres alten Kartenbildes der Erde zugleich eine unüberhörbare Aufforderung zur Überprüfung unseres gesamten Weltbildes. Daraus erwächst auch eine kritische Grundhaltung, wie sie in unserer Epoche allgemeiner Gedankenlosigkeit und Selbstsucht unerläßliche Voraussetzung ist für den Durchbruch einer Gesinnung weltweiter Solidarität.

Das Kartenbild der Erde ist Grundlage unseres geographischen Weltbildes und damit unserer Gesinnungen und Verhaltensweisen. Es war bis an die

evenly distributed; it can portray the entire earth including the polar regions and is easily supplementable left and right. It can be modified and shows a clear picture; its projection principle is applicable to all sub-sectional maps. This projection is based and marked on the decimal system and its decimal grid system has its zero meridian (coincidental with the new international date line) in the middle of the Bering Strait. Its meridians and parallels are continuously numbered (as Mercator had hoped to be able to do), and the continental colouring system has banished the colonial aspect of the old world maps.

The new geographical world concept is thus based on the new axioms and premises of our era.

THE NEW ATTITUDE

After thousands of years of egocentric, subjective world concepts, we are entering an era of universal humanity signified by this new global map with its objective basis.

We now no longer see the world purely from our own national viewpoint but our own country from a global perspective. This new map is as intimately bound up with the principles of the equality and parity of all peoples of the earth as was the old world map with its bases of white superiority and xenophobia.

The new face of the earth, as expressed by this new map, forces us to review the familiar old world concept. As maps are accepted as objective representations of the geographic truth, the exposure of the ideological character of our traditional global map leads inevitably to a need for a close scrutiny of our entire world concept.

From this scrutiny there develops a critical attitude to the thoughtlessness and selfishness of our generation; this in turn is an essential basis for the breakthrough to a sense of worldwide solidarity.

The global map is the basis of our geographical world concept and thus of our reasoning and attitudes. Until the dawn of our era this map was the expression of an ideology of European arrogance and greed.

Schwelle unserer Epoche Ausdruck einer Ideologie europäischer Überheblichkeit und Habgier. Die Neue Kartographie ersetzt diese menschenfeindliche Ideologie nicht durch eine neue kartographische Ideologie. Sie wendet nur die im Zeitalter der Wissenschaft unabweisbare Forderung der Objektivität auf die Kartographie an und schafft dadurch eine ideologiefreie Kartographie.

Die auch in unserer postkolonialen Epoche fortdauernde weltweite Ausbeutung der Dritten Welt durch die Industrieländer bedarf aber zum Fortbestande ihrer in Jahrtausenden gewachsenen Ideologie auch ihres europazentrischen geographischen Weltbildes. So hat sich das Ringen um das neue Kartenbild der Erde zu einem Kampf um die Überwindung der alten Ausbeuter-Ideologie entwickelt. Das bessere Morgen kann nicht auf dem falschen Weltbilde von gestern wachsen.

By the application of the objectivity necessary in this scientific era, this new cartography has not merely replaced the old, hostile ideology with a new one, the new cartography is entirely free of any ideology.

In order to maintain the old ideology of continued global exploitation of the Third World by the industrial nations even in our post-colonial era, it was necessary to retain the traditional Eurocentric geographical world concept. The battle to replace this old global map developed into a struggle to defeat this old exploitational ideology. A new and better tomorrow cannot be built upon the incorrect global concept of yesterday.

ZUSAMMENFASSUNG

CONCLUSION

Seit fünftausend Jahren gibt es Karten, und seit fast dreitausend Jahren ist die Weltkarte für den Menschen Grundlage seines Weltbildes. Philosophen, Astronomen, Historiker, Päpste und Mathematiker haben Weltkarten gezeichnet, lange, ehe es den Beruf des Kartographen gab. Seit dem ‚Zeitalter der Entdeckungen‘, das zum Zeitalter europäischer Eroberung und Ausbeutung der ganzen Erde wurde, haben die Kartographen das Kartenmachen übernommen. Durch die Autorität ihres Berufsstandes haben sie den Fortschritt der Kartographie behindert. Seit vor vierhundert Jahren Mercator das Kartenbild der Erde für die Epoche der europäischen Weltherrschaft geschaffen hat, bewahren die Kartographen dieses längst von der Entwicklung überholte europazentrische Weltbild und suchen es durch kosmetische Korrekturen fortzuschreiben.

Aber die Geschichte ist über dieses Weltbild hinweggeschritten. Mit dem Anbruch des Zeitalters der Wissenschaft ist in unserem Jahrhundert auch die Revolution unseres geographischen Weltbildes unaufschiebbar geworden. Das europazentrische Kartenbild der Erde, letzter Ausdruck des alten subjektiven Weltbildes primitiver Völker, muß einem objektiven geographischen Weltbild weichen. Die kartographische Zunft ist durch ihre am alten europazentrischen Weltbild orientierten Kategorien unfähig, jenes paritätische Weltbild zu schaffen, das allein kartographische Grundlage unserer Epoche der Gleichrangigkeit aller Völker sein kann. Das objektive Kartenbild der Erde, dessen Konstruktionsprinzip auf Grund seiner Universalität auch für jede allgemeine Karte eines Teilgebietes der Erdoberfläche geeignet sein muß, bedarf neuer Qualitäten, wobei zu den mathematischen auch praktische, ästhetische und didaktische Qualitäten treten müssen. Weltanschau-

Maps have been made for almost five thousand years and for almost the last three thousand they have been instrumental in forming our global concept.

Philosophers, astronomers, historians, popes and mathematicians have all drawn global maps long before cartographers as such existed. Cartographers appeared in the "Age of Discovery", which developed into the Age of European Conquest and Exploitation, and took over the task of making maps.

By the authority of their profession they have hindered its development. Since Mercator produced his global map over four hundred years ago for the age of European world domination, cartographers have clung to it despite its having been long outdated by events. They have sought to render it topical by cosmetic corrections.

But history has left this world concept far behind; with the dawn of the Age of Science in our century, the need for a revolution in our geographic world concept has become inevitable. The Eurocentric world concept, as the last expression of a subjective global view of primitive peoples, must give way to an objective global concept.

The cartographic profession is, by its retention of old precepts based on the Eurocentric global concept, incapable of developing this egalitarian world map which alone can demonstrate the parity of all the peoples of the earth.

This objective world map must also be based on principles applicable to all resultant sub-sectional maps and needs new qualities. To the existing mathematical qualities must be added others which are practical, aesthetic and didactic.

Global conceptional considerations are no more strange to the new cartography than they were to the traditional cartographical world concept – the differ-

liche Überlegungen sind bei der Entwicklung der neuen Kartographie ebensowenig sachfremd wie bei früheren kartographischen Weltbildern – nur werden sie nicht mehr naiv vorausgesetzt, sondern bewußt einbezogen. Und am Ende ist nicht allein die Summe der Kartenqualitäten, sondern die innere Wahrhaftigkeit des durch sie geprägten geographischen Weltbildes entscheidend.

Das Revolutionäre der Neuen Kartographie liegt in ihrer Überwindung aller Ideologie, wie sie bisher jedem Kartenbild der Erde zu eigen war. Die Objektivität der neuen Kartographie ist historisch entwickelt und systematisch bewiesen. Ihre erste Anwendung ist die neue Erdkarte (Peterskarte) nebst den auf dem gleichen geographischen Weltbilde und den gleichen Projektions-Prinzipien beruhenden Einzelkarten und Kartenwerken.

ence is that they are now consciously integrated instead of being naïvely assumed.

Finally it is not the sum of the cartographical qualities which is decisive for a geographical world concept; far more it is the underlying credibility which they lend to this concept.

The revolutionary character of the new cartography lies in its defeat of the ideologies which hitherto have stamped all world maps. The new cartography's objectivity has been historically developed and systematically proved. Its first application is the new global map (the Peters Map) and the various sub-sectional maps all of which are based on the same basic world concept.

LITERATUR-VERWEISE

[1] Passarge, S.: Physiologische Morphologie. Hamburg, 1912. S. 193.

[2] Isidorus von Sevilla: De natura rerum, zitiert nach Schubert, Hans, Geschichte der christlichen Literatur im Frühmittelalter. 1921. S. 184.

[3] Zöppritz, Karl: Leitfaden der Kartenentwurflehre. Leipzig, 1884.

[4] Wilhelmy, Herbert: Kartographische Begriffe. Kiel, 1966. Bd. 4, S. 40.

[5] Bosse, Heinz: Kartentechnik I. Lahr, 1954. S. 32.

[6] Mehrsprachiges Wörterbuch kartographischer Fachbegriffe. Wiesbaden, 1973.

[7] Hammer, E.: Über die geographisch wichtigsten Kartenprojektionen. Stuttgart, 1889. S. 11.

[8] Eckert, Max: Die Kartenwissenschaft. Berlin-Leipzig, 1921. Bd. I, S. 153.

[9] Paschinger, Herbert: Grundriß der allgemeinen Kartenkunde. Innsbruck, 1966. S. 10.

[10] Kaiser, Andreas: Die Peters-Projektion. Kartographische Nachrichten, 24. Jg., Heft I, S. 25 ff.

[11] Tissot, A.: Die Netzentwürfe geographischer Karten, deutsche Bearbeitung von E. v. Hammer. Stuttgart, 1887.

[12] Imhof, Eduard: Thematische Kartographie. Berlin–New York, 1972. S. 210 f.

[13] Eckert, Max: Die Kartenwissenschaft. Berlin–Leipzig, 1921. Bd. I, S. 295 f.

[14] Witt, Werner: Thematische Kartographie. Hannover, 1970. S. 23.

[15] Eckert, Max: Die Kartenwissenschaft. Berlin–Leipzig, 1921. Bd. I, S. 50.

[16] Arnberger, Erik: Handbuch der thematischen Kartographie. Wien, 1966. S. V.

[17] Boesch, Hans: Wirtschaftsgeographischer Weltatlas. Bern, 1968. S. 6.

[18] Schweizerischer Mittelschulatlas. Zürich, 1976.

[19] Paschinger, Herbert: Grundriß der allgemeinen Kartenkunde. Innsbruck–München, 1967. Bd. I, S. 5.

[20] Balser, L.: Einführung in die Kartenlehre. Mathematisch-physikalische Bibliothek. Bd. 81, Jg. 1951. S. 11.

[21] Zachs monatliche Correspondenz XI/1805, S. 111 und XIII/1806, S. 144 ff.

[22] Peters, Arno: Der europazentrische Charakter unseres geographischen Weltbildes und seine Überwindung. Wortlaut eines Vortrages vor der Deutschen Gesellschaft für Kartographie. Dortmund, 1976.

[23] Peters, Arno: Die perspektivische Verzerrung von Raum und Zeit im historisch-geographischen Weltbilde der Gegenwart und ihre Überwindung durch neue Darstellungsweisen. Vortrag an der Ungarischen Akademie der Wissenschaften in Budapest am 6. 10. 1967.

[24] Buchholz, Walter: Peters oder Winkel? München, 1980. S. 3.

[25] Peters, Arno: Die Länder der Erde in flächentreuer Darstellung. München, 1974.

[26] Peters, Arno: Synchronoptische Weltgeschichte. Frankfurt, 1952.

[27] Westermann: Lexikon der Geographie. Braunschweig, 1968. Bd. 3, S. 302.

[28] Peters, Arno: Die paritätische Darstellung von Raum und Zeit als unabdingbare Prämisse eines wissenschaftlichen Weltbildes. Vortrag an der UN-Universität. Klagenfurt 1984.

REFERENCES

[1] Passarge, S.: Physiologische Morphologie. Hamburg, 1912. S. 193.

[2] Isidorus von Sevilla: De natura rerum, zitiert nach Schubert, Hans, Geschichte der christlichen Literatur im Frühmittelalter. 1921, S. 184.

[3] Zöppritz, Karl: Leitfaden der Kartenentwurflehre. Leipzig, 1884.

[4] Wilhelmy, Herbert: Kartographische Begriffe. Kiel, 1966. Bd. 4, S. 40.

[5] Bosse, Heinz: Kartentechnik I. Lahr, 1954. S. 32.

[6] Mehrsprachiges Wörterbuch kartographischer Fachbegriffe. Wiesbaden, 1973.

[7] Hammer, E.: Über die geographisch wichtigsten Kartenprojektionen. Stuttgart, 1889. S. 11.

[8] Eckert, Max: Die Kartenwissenschaft. Berlin–Leipzig, 1921. Bd. I, S. 153.

[9] Paschinger, Herbert: Grundriß der allgemeinen Kartenkunde. Innsbruck, 1966. S. 10.

[10] Kaiser, Andreas: Die Peters-Projektion. Kartographische Nachrichten, 24. Jg., Heft I, S. 25 ff.

[11] Tissot, A.: Die Netzentwürfe geographischer Karten, deutsche Bearbeitung von E. v. Hammer. Stuttgart, 1887.

[12] Imhof, Eduard: Thematische Kartographie. Berlin–New York, 1972. S. 210 f.

[13] Eckert, Max: Die Kartenwissenschaft. Berlin–Leipzig, 1921. Bd. I, S. 295 f.

[14] Witt, Werner: Thematische Kartographie. Hannover, 1970. S. 23.

[15] Eckert, Max: Die Kartenwissenschaft. Berlin–Leipzig, 1921. Bd. I, S. 50.

[16] Arnberger, Erik: Handbuch der thematischen Kartographie. Wien, 1966. S. V.

[17] Boesch, Hans: Wirtschaftsgeographischer Weltatlas. Bern, 1968. S. 6.

[18] Schweizerischer Mittelschulatlas. Zürich, 1976.

[19] Paschinger, Herbert: Grundriß der allgemeinen Kartenkunde. Innsbruck–München, 1967. Bd. I, S. 5.

[20] Balser, L.: Einführung in die Kartenlehre. Mathematisch-physikalische Bibliothek. Bd. 81, Jg. 1951. S. 11.

[21] Zachs monatliche Correspondenz XI/1805, S. 111, und XIII/1806, S. 144 ff.

[22] Peters, Arno: Der europazentrische Charakter unseres geographischen Weltbildes und seine Überwindung. Wortlaut eines Vortrages vor der Deutschen Gesellschaft für Kartographie. Dortmund, 1976.

[23] Peters, Arno: Die perspektivische Verzerrung von Raum und Zeit im historisch-geographischen Weltbilde der Gegenwart und ihre Überwindung durch neue Darstellungsweisen. Vortrag an der Ungarischen Akademie der Wissenschaftren in Budapest am 6. 10. 1967.

[24] Buchholz, Walter: Peters oder Winkel? München, 1980. S. 3.

[25] Peters, Arno: Die Länder der Erde in flächentreuer Darstellung. München, 1974.

[26] Peters, Arno: Synchronoptische Weltgeschichte. Frankfurt, 1952.

[27] Westermann: Lexikon der Geographie. Braunschweig, 1968. Bd. 3, S. 302.

[28] Peters, Arno: The parity of representation of space and time as an essential premise for a scientific view of the world. Lecture, given at UN-University. Klagenfurt 1984.

INDEX OF NAMES AND SUBJECTS